日本新建築 中文版 **35**
SHINKENCHIKU JAPAN
（日语版第 93 卷 3 号，2018 年 3 月号）

公共建筑与地域文化

日本株式会社新建筑社编　肖辉等译

主办单位：大连理工大学出版社
主　编：范　悦（中）四方裕（日）

编委会成员：
（按姓氏笔画排序）
中方编委：王　昀　吴耀东　陆　伟
　　　　　　茅晓东　钱　强　黄居正
　　　　　　魏立志
国际编委：吉田贤次（日）

出版人：金英伟
统　筹：苗慧珠
责任编辑：邱　丰
封面设计：洪　烘
责任校对：寇思雨

印　　刷：深圳市福威智印刷有限公司
出版发行：大连理工大学出版社
地　　址：辽宁省大连市高新技术产
　　　　　　业园区软件园路 80 号
邮　　编：116023
编辑部电话：86-411-84709075
编辑部传真：86-411-84709035
发行部电话：86-411-84708842
发行部传真：86-411-84701466
邮购部电话：86-411-84708943
网　　址：dutp.dlut.edu.cn

定　　价：人民币 98.00 元

CONTENTS

日本新建筑
中文版 35

目录

釜石市立鹈住居小学·釜石市立釜石东中学·
釜石市鹈住居儿童馆·釜石市立鹈住居幼儿园

设计　小岛一浩＋赤松佳珠子／CAt
施工　大林组·熊谷组·东洋建设·元持特定企业联营体
所在地　岩手县釜石市
KAMAISHI UNOSUMAI ELEMENTARY SCHOOL, KAMAISHI HIGASHI JUNIOR HIGH SCHOOL, UNOSUMAI NURSERY SCHOOL , UNOSUMAI KINDERGARTEN
architects: KAZUHIRO KOJIMA + KAZUKO AKAMATSU / CAt

东侧视角。釜石市立鹈住居地区（人口约4000人）的小学、中学、儿童馆和幼儿园为2011年东日本大地震的受灾地区，该项目为此地区的复兴计划。该工程采取最低限度挖掘市街地西侧的山脉的方式，保留山脊线的同时进行开发。这一方法不仅可以降低成本、缩短工期，也保证了鹈住居地区的景观。道路和4层的出入口为约25 m的落差里，横跨鹈住居站轴线的175级大台阶将两者连接起来。孩子们上下学的风景成为街道复兴的象征

2018/03 005

室外大台阶2层。1层和2层是小学，3层和4层是中学。图中为来来往往的上下学的孩子们。照片左侧是普通教室出入口。中央有挑空设计

大台阶3层一景。可看到大槌湾

从天桥楼4层的教室阳台看向北方。这是一条全长83 m横跨洼地的阳台。
见证孩子与街道的共同成长，这是建筑结构设计力求达到的效果

从用地西侧看向天桥楼下方的洼地。在洼地铺设台阶，直接通向操场。发生灾难时，可保证孩子们顺利到高处避难。这里也是孩子们休息时游戏的场所

天桥楼4层走廊下方视角。从3层开始，在全长80 m的走廊上方设有天窗。天窗为装有拉杆的框架结构，4层走廊由顶棚的框架悬挂而成。钢筋骨架的内部结构，还有教室走廊一侧的开口处采用聚碳酸酯波纹板等设计，既节约成本，又使内部空间宽敞明亮

台阶楼2层的多功能教室。迎合地形设有通往教学楼的台阶。多功能教室位于台阶楼和天桥楼的连接处。光线可从3层外部大台阶的采光窗照入

台阶楼2层的普通教室。教室为无门的半开放空间。由规格为2.7m的栅格钢结构组合而成,将来可以根据需求灵活改变隔断

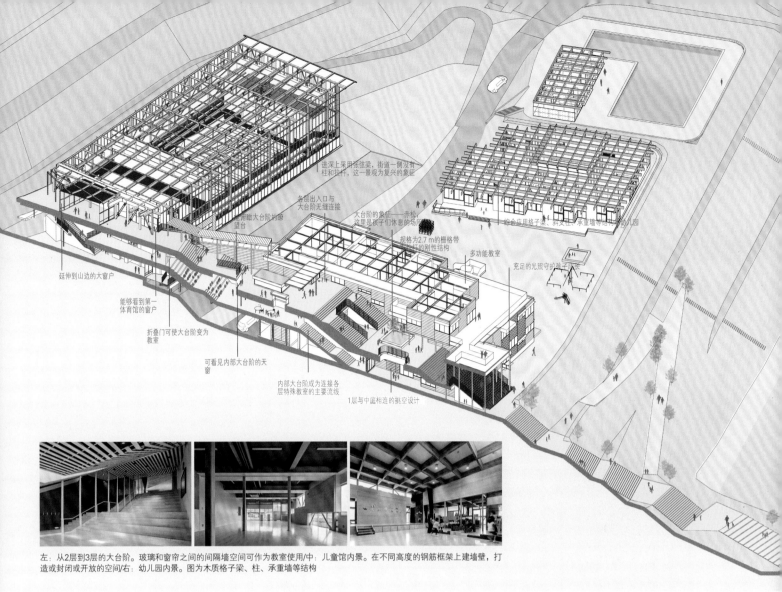

延进上采用张弦梁，街道一侧没有柱和拉杆，这一景观为复兴的象征

各层出入口与大台阶无缝连接

大台阶的象征——赤松这里是孩子们休息的场所

综合应用格子梁、斜支柱、承重墙等结构的幼儿园

规格为2.7 m的栅格带的刚性结构

充足的光照守护孩子们

通往顶端大台阶的瞭望台

延伸到山边的大窗户

多功能教室

能够看到第一体育馆的窗户

折叠门可使大台阶变为教室

可看见内部大台阶的天窗

内部大台阶成为连接各层特殊教室的主要流线

1层与中庭相连的挑空设计

左：从2层到3层的大台阶。玻璃和窗帘之间的间隔墙空间可作为教室使用/中：儿童馆内景。在不同高度的钢筋框架上建墙壁，打造或封闭或开放的空间/右：幼儿园内景。图为木质格子梁、柱、承重墙等结构

轴测图（小学、体育馆、幼儿园结构）

街道的象征：生态与建筑一体化计划的诞生

东日本大地震已经过去7年了。根据2013年的提案，我无数次前往鹈住居，每次去都感到受灾地的复兴工作任重道远，这里的生活与包括我在内的非受灾人群的生活还是有差距的。海啸席卷了这里的土地，我时常在想，在建筑上我们可以做些什么？

为了进行新的街道建设，我们计划了重铺道路和加固土地等区划整顿事业。预计恢复的JR山田线的鹈住居车站和与学校相连的200 m的主干路也逐渐成形。在这一过程中，我们将把此地打造为新街道与孩子们和谐共存的居住地。有人提议学校应该建在离海更远一些的山上。"居民不回来，就无法建学校。学校不建成，居民就不回来。"在这样尴尬的背景下，经过与地区居民的讨论，最终决定"为了街道复兴，只能在中心地段建学校"。我们认为，在这样的地段建学校可以让孩子们活动的身影成为新鹈住居的象征。从建在高地上的学校可以俯瞰所有复兴街道，街道仿佛在保护高地上的校舍一般环

绕而建。

建筑用地对拥有鹈住神社、白山神社的山脉进行开发，建成安全的高地。当初计划开山约56万立方米，但是因提出生态和建筑一体化的方案，并考虑日本很少有这样的提案，最后决定开山13.6 m³，并保留原有山脊线。修改后的提案可削减成本并缩短工期。运动场、小学校舍和横跨洼地的中学校舍分别位于海拔15 m、18 m和26 m的高度，所有校舍由大台阶相连。175级的大台阶经过主要街道，同时也是连接车站的中轴线。因受灾地区建设费用高，所以只能采用钢筋结构。在外部装饰上，并不是所有位置都需要外部装饰，采取合理运用柱、梁和拉杆等要素的方法，使建筑保持原始建筑空间。框架的外部装饰随着应用方式的不同而加入不同元素，展现不同样貌。在小学（台阶楼）的半开放空间中，将墙壁和门窗设计为告示区和白板、吸音墙等，为孩子们创造多样的学习环境。中学楼（天桥楼）中，最上层的顶棚高达4 m，在没有防火涂料的空间中，在阳光透过天窗和开口处照射到的地方，

综合运用木丝水泥板、聚碳酸酯波纹板、结构刨花板以及落叶松胶合板和彩涂钢板，顺应环境，富于变化，激发孩子们在内廊活动的兴趣。

学校是为多样性学习提供保障的场所，因此必须是一座坚固的建筑。今后，这里作为街道的据点，需要具有容纳更多人在这里活动的能力，同时，也是鹈住居漆黑夜晚中的希望之灯。

赈灾后，小岛一浩通过Archi+Aid的活动不断去受灾地，直面受灾地面临的各种问题，重新思考生态和建筑一体化的方案成立的可能性，并考察这一项目。但是小岛先生在项目进行的过程中不幸离世，但生态与建筑一体化已成为今后建设的发展方向，希望这一方向能为复兴带来光明。

（赤松佳珠子/CAt）

（翻译：崔馨月）

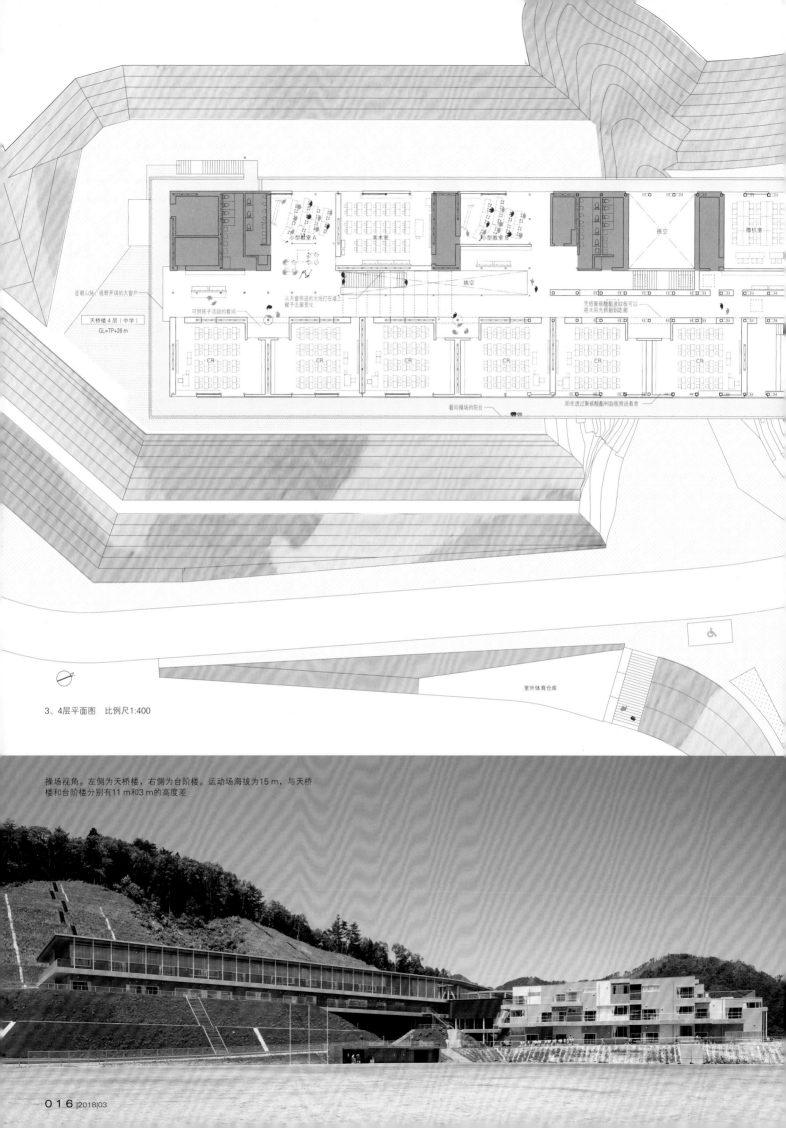

面朝山谷，夜对开阔的大窗户

天桥楼 4 层（中学）
GL=TP+26 m

小型教室 A

美术室

小型教室 D

挑空

挑空

微机室

从天窗照进的光线打在墙上，赋予走廊变化

凭借聚碳酸酯波纹板可以将太阳光折射到走廊

可供孩子活动的套间

CR   CR   CR   CR   CR   CR

看向操场的阳台

阳光透过聚碳酸酯树脂板照进教室

室外体育仓库

3、4层平面图　比例尺1:400

操场视角。左侧为天桥楼，右侧为台阶楼。运动场海拔为15 m，与天桥楼和台阶楼分别有11 m和3 m的高度差

挑空

挑空

出入口

多功能教室

中学入口处周围可一览多功能
教室和体育馆的活动

上：台阶楼北侧的幼儿园/下：连接台阶楼和天桥楼
的通道

连接天桥楼、台阶楼以及主干路的大台阶

和大台阶无缝连接的出入口

出入口

小学教室全部采用大型推拉门

CR

连接台阶楼和天桥楼的通道

伸出的阳台既可以连接内外，也可以作为小型活动场所使用

大台阶尽头的4层中学的出入口

微机室

CR

理科教室

出入口

CR

能够纵观复兴街道的瞭望台

教室过渡区的物品
寄存区和工作区

CR

内壁由镀钢板、彩涂钢板、结构刨花板、
落叶松纹合板叠合而成

CR

以Z室到阳台

台阶楼 3 层（小学）
GL=TP+18 m

2层外部大台阶视角

迎合地形与风景的结构计划

本项目各部分结构特色如下：

天桥楼：校舍全长140 m，宽26 m，考虑北部地区工期短，所以在工厂制作一部分钢筋结构框架。以带有拉杆的刚性结构为主体，基础地基为黏土和砂砾。横跨山脊线的校舍部分架有更多的梁，跨度达21 m～35 m的桁架设在4层的位置。2层和3层为垂吊式结构。

台阶楼：一个建在海拔18 m处的3层建筑，位于大台阶中部。平面设计的基础为规格是2.7 m的栅格，柱位于栅格交叉处。有拉杆的刚性结构确保建筑的水平抗拉能力。有栅格的柱为钢接合。梁长为2.7 m的倍数，节距为2.7 m，降低接合处以及选材成本。

室内运动场：建筑为宽35 m，长45 m，高12 m的超大型空间。靠山的长边和教学楼一侧的短边间设置拉杆，张弦梁为屋顶梁，沿长边方向架设。面向街道的建筑物正面只有窗户，无任何柱，达到无遮拦望向街道的效果。

（新谷真人/oak结构设计）

上：台阶楼2层的窗户。横跨洼地的设计
左下：从台阶楼1层的图画手工室角度看向校舍
右下：第一体育馆。沿长边方向而架的张弦梁为屋顶梁，连接旁边的第二体育馆

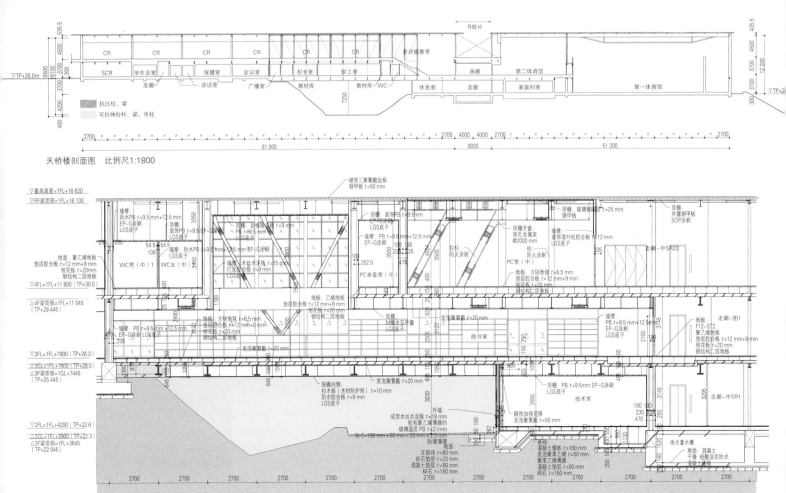

天桥楼剖面图　比例尺1:1800

剖面详图　比例尺1:200

左：在用地内横跨洼地的位置建了一座3层图书馆。在挑空位置可看见从3层到4层用于垂吊的楼板的H钢桁架/右：4层天桥楼的普通教室

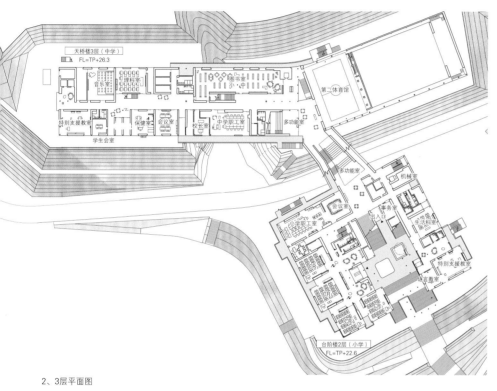

设计：建筑：小岛一浩＋赤松佳珠子／CAt
　　　结构：oak结构设计　yAt 结构设计事务所
　　　※釜石市立鹈住居幼儿园只有oak结构设计参与
　　　设备：设备计划（电力）
　　　　　　科学应用冷暖研究所（机械）
施工：大林组·熊谷组·东洋建设·元持特定企业联营体
用地面积：82 161.70 m²
建筑面积：7015.85 m²
使用面积：11 728.19 m²
层数：小学＋中学＋儿童馆：地上4层
　　　幼儿园：地上1层
结构：小学＋中学＋儿童馆：钢结构
　　　幼儿园：木结构
工期：2015年8月—2017年3月
摄影：日本新建筑社摄影部
（项目说明详见第150页）

2、3层平面图

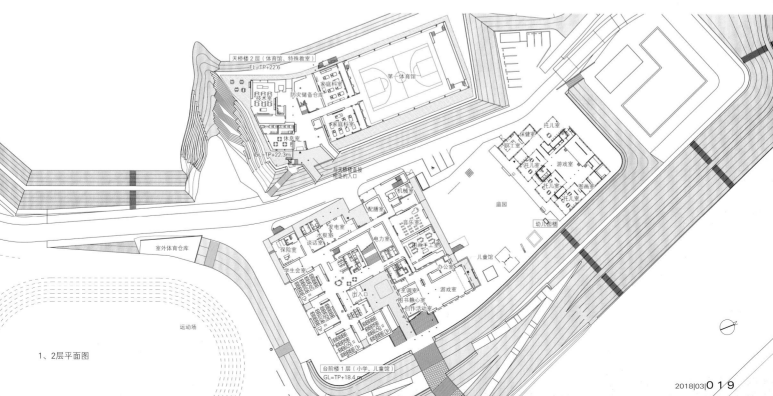

1、2层平面图

长边方向架设梁，东面未设置柱，打造宽敞明亮的空间

东侧夜景。光亮之处仿佛街上的灯火

南侧俯瞰图。复兴计划以本次的小学·中学计划为开端，不断推进受灾国营住宅等市区建设。原釜石市立鹈住居小学和釜石市立釜石东中学旧址在大槌湾附近，计划在这片旧址上修建2019年橄榄球世界杯体育场。站前为市民体育馆和祈祷公园，观光交流点设施、海啸传承设施*正在计划中（*设计：PACIFIC CONSULTANTS · Coelacanth and Associates企业联营体）

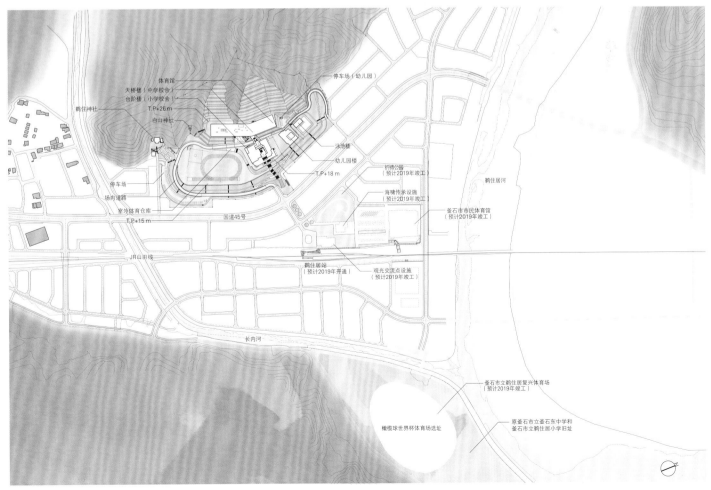

区域图　比例尺1:8000

釜石市立唐丹小学·釜石市立唐丹中学·釜石市立唐丹儿童馆

设计　干久美子建筑设计事务所·东京建设咨询株式会社、釜石市唐丹区学校等建设工程设计业务特定设计联营体
施工　前田·新光特定建设工程联营体
所在地　岩手县釜石市唐丹町
TONI ELEMENTARY SCHOOL / TONI JUNIOR HIGH SCHOOL / TONI NURSERY SCHOOL
architects: OFFICE OF KUMIKO INUI + TOKEN C.E.E.CONSULTANTS

重建东日本大地震中受损的中小学，沿着斜坡建设两栋木结构教学楼。以前中学的旧操场建起临时教学楼，通过申请，后面的陡坡被列入项目用地。在申请初始阶段，城市·土木咨询企业组成联合体，为推进计划实施，切实考虑包括具体的建造计划和合适的施工场所在内的各种工程计划

北侧看向唐丹地区（小白滨）。左侧拓宽唐丹湾。坡面原本为林地，现将6个等级、7栋大小不同建筑按照市松图案（日本传统图案，以蓝白格为基调）建设。有许多家庭沿着海岸聚集在一起。在这种场地上，各种建筑都需要控制高度。建筑如同将运动场包围起来一般林立而起，融入聚落中，营造宽阔的学习环境。外部装饰方面，调查和咨询受灾前环境照片以及现在唐丹地区建筑物的外部装饰，并以此为参考进行建筑外部配色，按照"不同外墙、不同涂色"的原则，即使是相同建筑也采取多种颜色

沿着海岸线的聚落融入学校

本项目所在的釜石市唐丹地区是一个面向小海湾的渔民聚落。首次到访时，这里地震后的受灾严重性令人触目惊心，然而，这里将生计与生活融为一体，体现出聚落人民的智慧以及唐丹湾的美丽富饶，令人十分着迷。这个美丽的小渔村条件非常艰苦，我们认真思考如何建造符合本土特色的学校。这块建筑用地选址于临时教学楼身后的山阴处，承载着当地人民想要重新建起学校的希望。操场与上方国道的高度差大约有30 m，是一个非常陡的斜坡，工程车辆如何进入是一个巨大的难题。而且，大规模改变地形相当于一种破坏环境的行为。在这

样的情况下，坚持讨论的内容不是破坏斜坡，而是如何充分利用整座山打造一个可以自由学习、玩耍的学校。

我们提出各种设想，其中之一就是修整土地。包括施工计划在内，不断进行建设讨论，终于讨论出一个修整土地的办法，即将挡土墙尽可能锁定在一个方向，其他方向上的高度差通过填土形成斜面与周边斜坡结合在一起。依照开发协议等签订的土木规定中，挡土墙虽然是直线型，但因为锁定在一个方向，使得工程规模大幅减少，给人感觉如同一条细小的褶皱，毫不突兀，非常自然。

第二大设想是以分栋的形式建造木结构教学

楼。受灾地的建筑价格暴涨，特别是因为混凝土与钢筋骨架损坏情况较多，导致木结构比例大幅增加。虽然每栋建筑都是非常简单的双坡屋顶，但都是通过走廊将每栋楼按照市松图案串在一起，并且十分注重开口部的建造，旨在与周边环境融合在一起，实现室内活动与周边环境的有机结合。

在高度方面，实现地基高度与教学楼层高完全同步，每栋楼通过走廊构建出一个纵横无边的动态网络。儿童和学生可以在楼与楼之间的庭院或者在室内自由穿梭，利用斜坡实现共同生活。

通过在周边建筑中取样调查决定屋顶倾斜度和色彩等配置，利用屋顶和墙壁的色彩计划，努力

将教学楼融入聚落之中。除此之外，在场地上开展栽种活动，种植的主要是当地的种子和苗木。场地内设置聚落人群的避难道路，学校尽可能对地区开放。

由于存放柜可以移动，教室空间可以控制在最小范围，同时较为宽阔的走廊中也留出一部分可以作为教室使用的区域。项目规模接近于住宅，结构决定柱子排列方式，将空间缓缓地分节。柱子和窗边装点长椅和小型家具，可以让孩子们在这里放松休息。

这些构思虽然都非常简单朴实，但将每个设想累积起来，就能实现学校与聚落的融合。与周边

地区"缝合"的计划在一定程度上取得了成功，地区整体实现一体化，令人基本感觉不到场地分界线的存在。从主要学习场所的室内到室外，再到可以眺望美丽大海的周边环境，无形之中将学习与活动自然联系起来。如果说建筑是构建一种秩序的话，那么，这种地区一体化应该可以称得上是一种建筑。这种建筑性并非一开始就浮现在脑海中，而是在观察、对话、具体探讨中慢慢发掘出来的，这可以说是此项目的最大特征。

震后7年的唐丹地区，就像大人们靠海生活一般，孩子们靠山学习。这样的学校符合唐丹地区与环境共生的风格，学校的骨架由各种主体共同构筑

而成。在我们参与策划之前开展过建设探讨会，据说地区和行政部门在会上开展了细致谈话。为了继承会议精神，在设计过程中，行政部门多次参与地区与学校的工作会议，在施工过程中，就如何有效作业等情况与施工者一同不断探讨。

这个建筑今后一定会与孩子们、老师们，还有地区的所有人一同历经时间的洗礼。让我们拭目以待吧。

（干久美子）

（翻译：李佳泽）

2号楼与4号楼之间视角。里侧是3号楼，每栋楼之间有一层的高度差，楼之间设置学生的外部动线，强化防灾网络，将相对的外壁涂成相同颜色，营造协调的外部空间

南侧视角。右手边是2号楼，左手边是4号楼。场地内部确保
道路通畅，将室外机器放在连接楼与楼的空中走廊上，并将室
外机器粉刷成与外壁相同颜色

北侧视角。操场仿佛被建筑包围一般，下一层楼梯即可到达这里。右边是2号楼，
可以看到里侧的体育馆。体育馆和2号楼之间有一条动态避难路线，可以由此爬上
斜坡

2号空中走廊连接着4号楼（左）和5号楼（右），与下方通往停车场的走廊呈现立体交叉

桥1看向4号楼视角。窗户尽量实现拓宽视野的效果，创造开放性的同时也注重增强安全性

2号空中走廊连接着4号楼（左）和5号楼（右），与下方通往停车场的走廊呈现立体交叉

3号楼的2层研习区。控制2层的顶棚高度，希望能给人一种如家一般的安心感。右边是连接4号楼和5号楼的2号空中走廊

平面图5（TP+39.5）

平面图4（TP+35.5）

平面图3（TP+31.5）

平面图2（TP+27.5）

平面图1（TP+23.5）　比例尺1:1000

多功能大厅将3号楼和4号楼连接起来

从教室看向研习区

教室（左）与研习区（右）。教室面积控制在最小，从而拓宽走廊空间。在柱子和窗边摆放长椅和存放柜等小型家具，从而演变成另外一种教室，可以在此开展除授课之外的各种活动

4号楼的研习区看向庭院的视角。里面是5号楼

从4号楼看向与5号楼相连的2号空中走廊

4号楼1层的研习区

1号楼多功能大厅，地区交流休息室

第1体育馆

第1体育馆的窗边。可眺望当地成排的房基

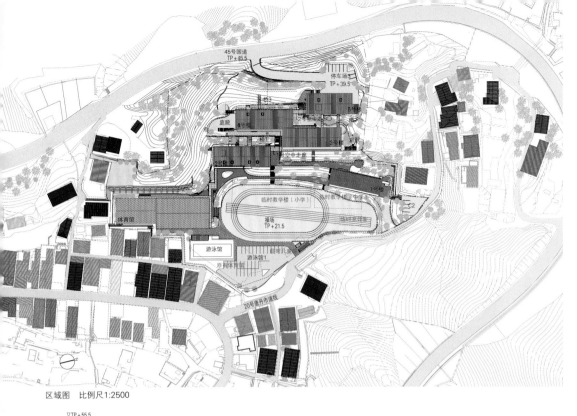

区域图　比例尺1:2500

设计：建造·修整：千久美子建筑设计事务所·东京建设咨询株式会社
釜石市唐丹区学校等建设工程设计业务特定设计联营体
结构：KAP
设备：环境工程株式会社
施工：前田·新光特定建设工程联营体
用地面积：20 309.92 m²
建筑面积：4362.30 m²
使用面积：6180.00 m²
层数：1、3、4、5号楼：地上1层
　　　2号楼：地下1层、地上2层
　　　体育馆：地下1层、地上1层
　　　游泳馆：地上1层
结构：1、2、5号楼：木结构　钢筋水泥结构
　　　2号楼：木结构　钢筋水泥结构
　　　3、4号楼：木结构
　　　体育馆：铁架+钢筋水泥结构　一部分木结构
　　　游泳馆：钢筋水泥结构
工期：2015年4月—2018年2月
摄影：日本新建筑社摄影部（项目说明详见第151页）

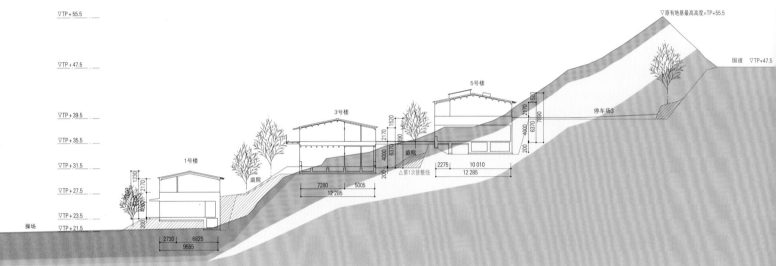

剖面图　比例尺1:600（土质说明：35页）

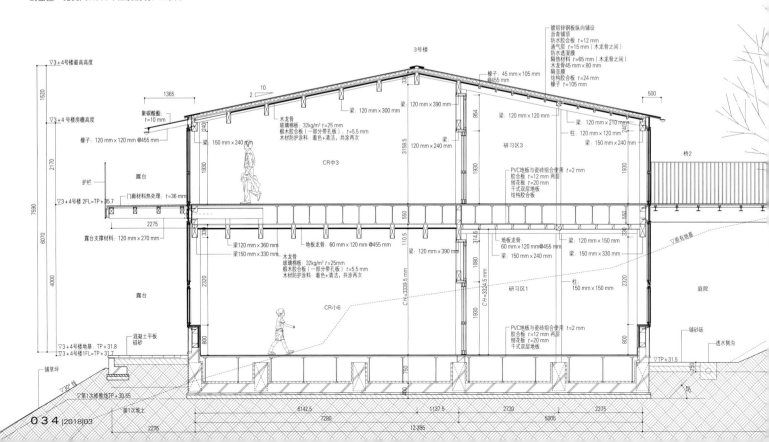

修整和建筑共同构成一体化设计

从提案阶段开始，负责城市、土木咨询的东京建设咨询株式会社与JV合作共同实施计划，双方曾经一同参与计划东京景观大学研究室开展的岩手县大槌町浸水地区改建项目。正是因为平时经常接受景观方面的工作咨询，所以完全可以理解设计的重要性。但是说到具体设计则另当别论，土木与建筑的规则差异用一般手段来解决是行不通的。最困难的就是一边确保修整土地的坡道，一边在陡坡上设定地基。在地基上建造教学楼就是要创造建筑规则，所以我们也极其耐心地不断探讨该如何建造。施工阶段由前田·新光JV制定了周密的施工计划，同时高端的建造技术也对如此细致入微的地基修整起到决定性作用。

在设计阶段开展修整设计讨论的同时，栽种计划也按部就班地进行。虽说是栽种，却并不是表面上的设计，需要考虑如何保护由于土地削减导致的浅表层地基露出以及确立植被恢复方法。在百合之丘和ACROS福冈等人工地基环境之中，我们谨遵田濑理夫先生所提倡的"创造生命力旺盛的植被"观点，利用各种图纸样式，不断讨论研究。其中，初期阶段开展的图纸剖面图对后期的修改计划也起到了很大作用。参照地质调查资料，制成地皮整体的地质剖面图，预测削减土地之后的浅表层地基，整理坡面保护工程的种类与斜面坡度的关系，整体打造一项符合学校外部环境的植被覆盖坡面保护工程，而且，坡面保护工程已经超出开发协议所列出的义务范围，为了恢复因修整土地破坏的生态系统，广泛利用在周边地区采摘的种子和苗木。

（干久美子）

北侧看向3号楼（左）和5号楼（右边）。东西方向的斜坡坡度尽可能控制在30°以下，并通过栽种，使建筑与周边环境融合。挡土墙周边也在坡度允许范围内实施堆土，注意不在学校环境中建出一个大型土木结构

土质说明

	新堆土	堆土层	崖锥堆积层	强风化板岩层	板岩层
不需要挡土墙的崖面	小于60°的新堆土	小于60°的堆土层	小于60°的崖锥堆积层	小于60°的强风化板岩层	小于60°的板岩层
非崖面的坡面	小于30°的新堆土	小于30°的堆土层	小于30°的崖锥堆积层	小于30°的强风化板岩层	小于30°的板岩层
平地	平地新堆土	平地堆土层	平地崖锥堆积层	平地强风化板岩层	平地板岩层

土质·坡度对应表

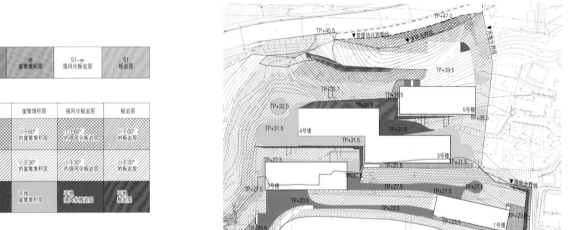

修整日程表。从设计开始，通过土木工程与建筑工程的共同实施，制作土质、坡度、坡面保护工程、建筑建造计划关系图，讨论如何尽可能控制削减土地量

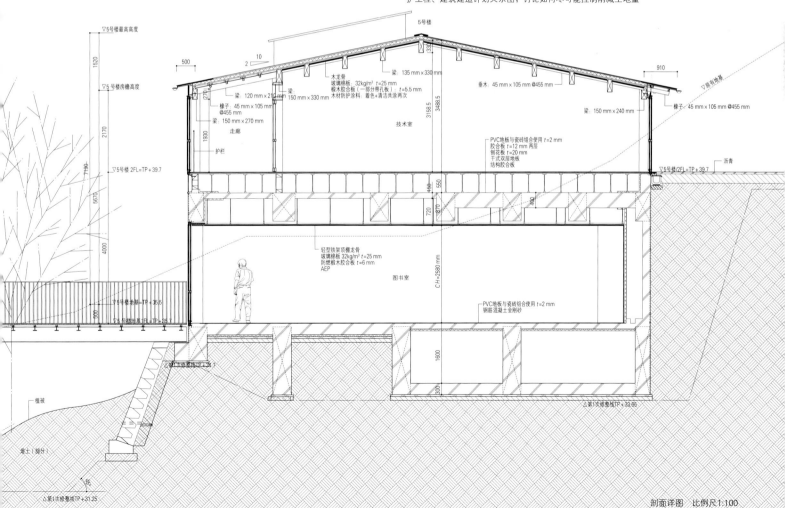

剖面详图　比例尺1:100

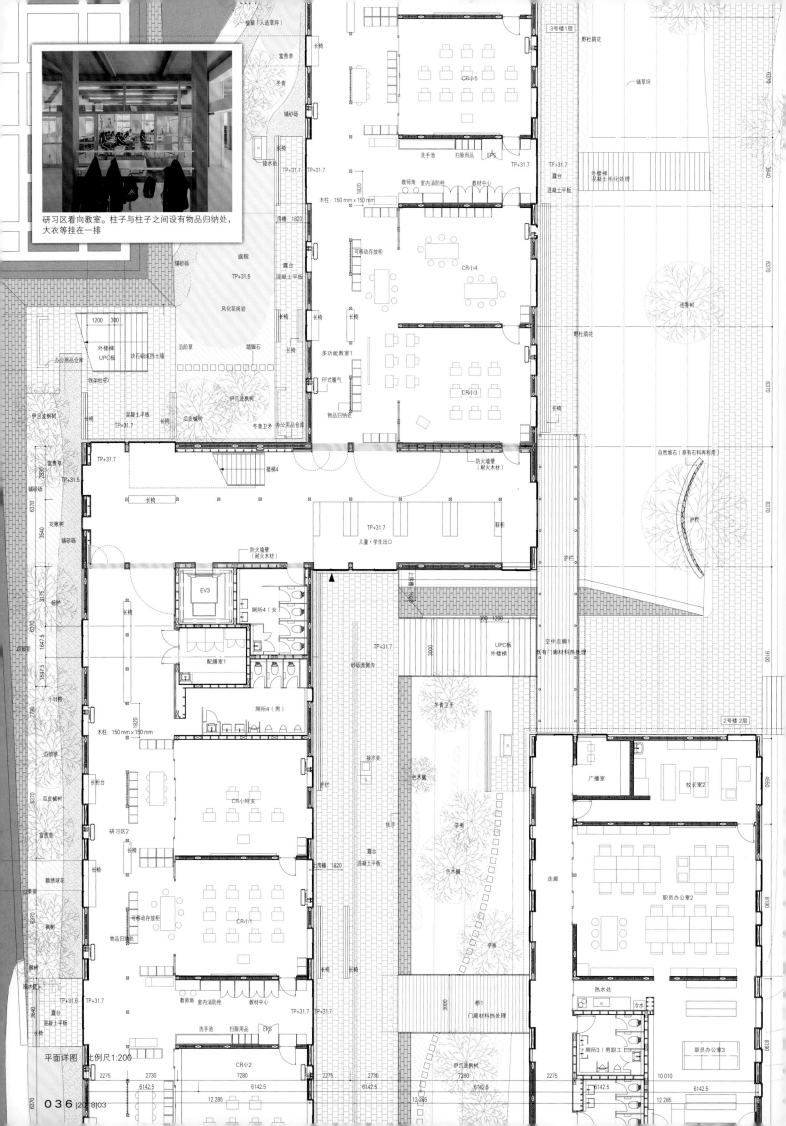

研习区看向教室。柱子与柱子之间设有物品归纳处，大衣等挂在一排

3号楼1层

野杜鹃花

一铺草坪

檀簇（人造草坪）
富贵草
冬青
铺砂砾

CR小5
洗手池 扫除用品 EPS

TP+31.7 TP+31.7

TP+31.7 TP+31.7
露台
混凝土平板
外楼梯
混凝土毛化处理

接水处
长椅

木柱：150 mm×150 mm
教师角 室内消防栓 教材中心

可移动存放柜

CR小4

连香树

铺砂砾
庭院
TP+31.5

露台
混凝土平板

房檐 1820

野杜鹃花

风化花岗岩

长椅

多功能教室1

沿阶草 踏脚石
长椅
长椅
长椅

1200 300
外楼梯
UPC板

办公用品仓库

铁架柱卯
块石砌成挡土墙

伊吕波枫树

FF式暖气

CR小3

长椅

混凝土平板
TP+31.7
瓜皮槭树
冬青卫矛 办公用品仓库

物品归纳处

自然堆石（原有石料再利用）

伊吕波枫树
富贵草
TP+31.7
TP+31.5
花楸树
铺砂砾

TP+31.7
楼梯4

防火墙壁（耐火木材）

护栏

长椅

TP+31.7
鞋柜

空中走廊1

桃树
铺砂砾

3175
杨梅

6370
1647.5

EV3
厕所4（女）

防火墙壁（耐火木材）

儿童·学生出口

干湿槽

300 1200

护栏

1547.5
小叶梣

配膳室1

TP+31.7

3000

UPC板
外楼梯
既有门廊材料热处理

2730
沿阶草

木柱：150 mm×150 mm
1820
厕所4（男）

2号楼 2层

6370
长椅
长柜台

接水处

广播室

校长室2

瓜皮槭树

CR小特支

色木槭

富贵草

研习区2

字舍

走廊

职员办公室2

长椅
色木槭

6370
额绣球花
山茱萸

桥1
门廊材料热处理

可移动存放柜
CR小1
物品归纳处

3000

字类

6370
枫树

接水处

热水处 冷水

TP+31.6 TP+31.7
露台
混凝土平板

教师角 室内消防栓 教材中心

伊吕波枫树

厕所3（男职工）

职员办公室3

洗手池 扫除用品 EPS
TP+31.7 TP+31.7

CR小2

平面详图 比例尺1:200

2275 2730 7280
6142.5

2275 2730 7280
6142.5

6142.5

6142.5

2275 10 010

6142.5

12 285

12 285

12 285

3号楼1层研习区。在土地修整计划中，为了使挡土墙高度设置在符合人体的标准尺度空间内，各个地基之间的高度差设为4 m，相当于建筑的1层高。每栋楼的1层与外部相连，形成一块块空旷空间

室内的洗手池、扫除用品归纳处及教材中心设置在同一区域。走廊尽头装有窗户，连接2号楼的桥1处视野开阔

釜石市民会馆TETTO

设计 aat + makoto yokomizo建筑设计事务所
施工 户田建设·山崎建设特定企业联营体
所在地 岩手县釜石市
KAMAISHI CIVIC HALL
architects: AAT+MAKOTO YOKOMIZO ARCHITECTS

釜石市曾遭受东日本大地震引发的海啸灾害，在该市灾后重建工作中，本项目作为当地复兴计划"釜石市未来城镇项目"第6号被投入实施，同期计划还包括：附近炼铁厂的出货场旧址上建立大型商业设施，将人们从半开放式广场（附有玻璃顶棚）引向商业街的城市计划；打造与广场无缝衔接的、空间形态可调节的会馆（内部舞台正前方池座处设有可移动收纳式座椅，以此可调节会馆的空间形态）。考虑灾区重建成本高昂等因素，决定引入电子工程系统

毗邻商业街的北广场。在计划、建造之际，考虑商业街灾后重建的恢复力，将由 "Miffy Cafe" 店和信息库组成的釜石信息交流中心作为1期工程先行建设，并投入使用

南侧视角。2层向外延伸的门厅，不仅可以为使用者提供举办活动的场地，还能作为活动路线方便自由出入建筑

广场。上方架设约12 m高的玻璃顶棚，由热浸镀锌处理的钢桁架结构和直径为267.4 mm的铁柱支撑，以此可将水平力、地震力均匀传递至钢筋骨架的会馆主结构上

商业街视角（县道釜石港线西侧）。舞台上部挑架由丙烯酸树脂涂装的混凝土原浆面，以及装饰模板混凝土上涂有氟碳聚合物的一面（黑色面）组成。商业街对面有长廊、工作室、露台等

区域图　比例尺1:7000

北侧高台视角。右边烟囱为新日铁住金釜石炼铁厂，左边远处是甲子川（注入釜石港）沿线的三陆铁路南里亚斯线

东侧视角。A会馆通过B会馆和广场，与东北侧的小吃街相连

设计：aat + makoto yokomizo建筑设计事务所
协助：AT/LA
结构·设备：Arup
施工：户田建设·山崎建设特定企业联营体
用地面积：5293.59 m²
建筑面积：4617.80 m²
使用面积：6980.21 m²
层数：地下1层　地上4层
结构：钢筋骨架结构　钢筋混凝土结构
　　　钢筋骨架混凝土结构
工期：2015年11月—2017年10月
摄影：日本新建筑社摄影部
（项目说明详见第152页）

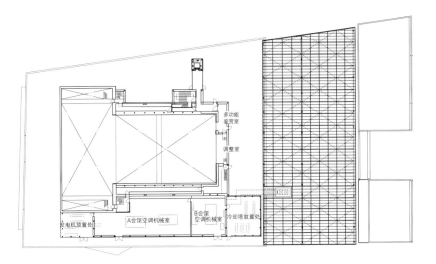

3层平面图

上：南广场视角（位于大型商业设施与市民会馆之间），由此可到达商业街/下：商业街视角，左侧是由荷兰政府资助营业的"Miffy Cafe"店

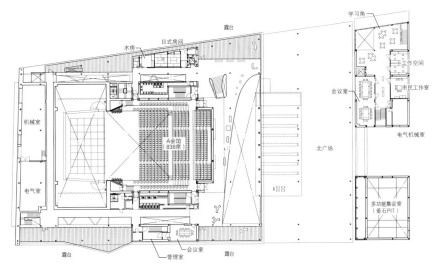

2层平面图

从B会馆看到的东侧景象，B会馆以为市民提供切身的便民服务为目标，今后有望得到广泛使用

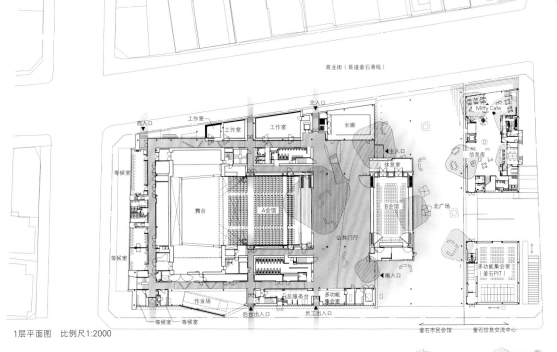

1层平面图　比例尺1:2000

将A会馆的移动式座位收纳起来，可将公共门厅、A会馆（左）以及B会馆（右）连成一个整体。此外，开放B会馆，便可与室外带顶棚的广场连成一体，开口部位的设计呈直线型

打造既日常又庄重的"双面性"市民会馆

釜石市民会馆取代了原釜石市民文化会馆（佐藤武夫，1978年），原会馆在2011年东日本大地震引发的海啸灾害中，因浸水而受到损坏。新会馆在原会馆已有功能基础之上，增加了可供市民日常活动、学习、商务洽谈等功能空间，同时配套建造了包括荷兰政府资助的"Miffy Cafe"店，Team Smile资助的"釜石PIT"在内的釜石信息交流中心。该会馆与先行施工的大型商业设施、共同店铺以及南广场一起，作为商业闹市据点"Front Project1"的核心设施被计划、建造。将顾客从大型商业设施引向街道的南、北广场，是此项目的关键。我们提议在北广场上方架设一个大玻璃顶棚，

因为先行竣工的"新发田市新办公楼"项目中，带顶棚的"街内广场"实在是引人注目。

A、B两会馆所在的"X轴"与南、北广场所在的"Y轴"垂直相交，若打开各会馆的门，则可以从北广场出发径直穿过B会馆，到达A会馆舞台处，由此形成一条总长77 m的无间断城市广场。该广场与附有顶棚的广场一起，彰显出釜石市民会馆的多样活力。同时，又作为釜石市中心街区的多功能公共空间而得以复兴。无间断城市广场与酒徒胡同（灾前广受人们喜爱的小吃街）处于同一直线上，由此可将会馆活动纳入街区生活中。同样，街道与会馆连成一体，可将环绕A会馆的内部通道作为散步道，没有活动的时候，可以在会馆内的后台区域

自由走动。我们认为，街道、会馆、散步路的关系，与村落，神社，院内（神社、寺院内部区域）的关系可以相互重叠。院内是日常与非日常相交融的公共区域，是通过集市和庙会让人们感受集体活动乐趣的公共场所。正因为是灾区，才更需要建造出人与人亲密交流的公共建筑。

（Yokomizo Makoto/ aat + makoto yokomizo 建筑设计事务所）

（翻译：汪茜）

2层看向南入口。敞开室外露台，连接小会馆和广场上方大顶棚的空腹桁架，保证了通透的视线

2层看向门厅和B会馆

2层视角，楼梯扶手安装在9 mm厚的弯曲铁板之上

2层，天花板选用了既富有创意又实用的轻钢龙骨材料，形成了环绕会馆一周的活动路线，方便市民自由通行

商业街对面的长廊，走廊上方的桁架式钢架可通过周围钢架结构将水平力传递至会馆。在宣传计划中，此结构可视为工业中镂花模板的标志，由此让人联想到因炼铁业而兴盛的釜石

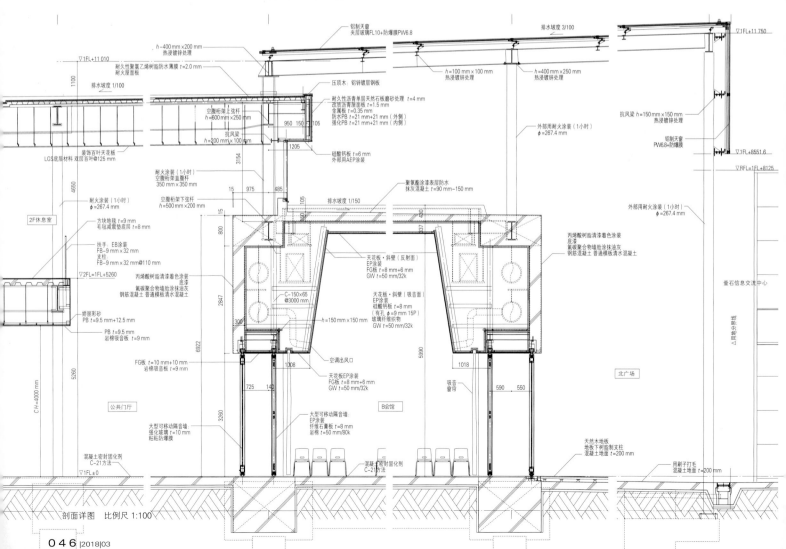

剖面详图　比例尺 1:100

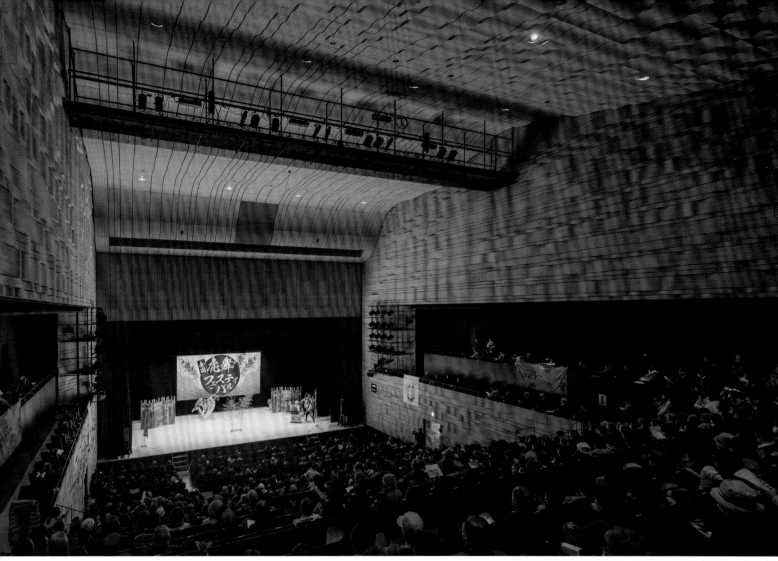

A会馆，移动式观众席打开状态，由单板层积材构成的空间形态，是经过声学分析后确定的最佳形态

会馆形态：因声塑形

　　本项目通过计算机技术，实现了设计师"通过分析声反射轨迹来设计建筑形态"的构想。其独特之处在于，不同于以往先设计再分析的常规方法，而是边探索声音路径边"引出"建筑物形态。通过在人为设定（会馆大小、声音条件、法律法规、施工条件）的小空间里进行声反射模拟来逐步设计。从墙面的声反射形态来探寻空间内的声音潜能。此外，将反射面设计成波浪形，创造出能使反射声均匀分布的会馆形态。当播放重叠音时，天花板和墙壁会稍微改变其反射形态，在反复模拟过程中，发现了空间本身具有的声传播轨迹和声波形状之间的关联性。在设计过程中，通过将反射声运动轨迹可视化表现出来的同时，慢慢"引出"该会馆形态。

（竹中司/ AnS Studio）

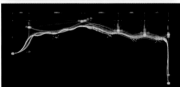

上：声音解析模型/下：最佳方案，通过对会馆整体进行声学分析（包括声音传播轨迹、观众席声音接收情况等），旨在设计出能使反射声均匀分布的最佳反射面和空间形态

上：广场夜景/下：空间形态可调节的A会馆

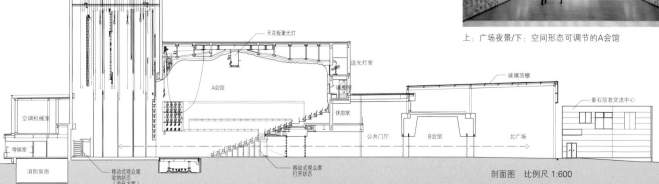

剖面图　比例尺 1:600

七滨町 "市民之家·KIZUNA HOUSE"

设计　近藤哲雄建筑设计事务所
施工　织部精机制作所
所在地　宫城县宫城郡七滨町
HOME-FOR-ALL IN SHICHIGAHAMA / KIZUNA HOUSE
architects: TETSUO KONDO ARCHITECTS

公共空间的东南方向视角，这片土地原是一条临时商业街，在这里有一处供居民交流的空间——"KIZUNA HOUSE"，于2015年11月确定停止运营。为了那些希望"KIZUNA HOUSE"延续下去的市民，将其改建为"市民之家"。这块场地位于七滨町（人口约18 910人）的中央商合处，周围建有继续教育中心、棒球场、足球场（带观众席）、武道馆等，是城内最繁华的地区。沿着平面设置木框架，越过宽2015 mm的开口处，实现内外相连

将土地整体打造为一个属于所有市民的家园

七滨町位于仙台市东部的半岛之上，是一个由7个海滨组成的小城市，"七滨町"的名字由此而来。震后开始复兴志愿活动的NPO法人Rescue Stock Yard（RSY），为地震中失去游玩场所的孩子们建造了"KIZUNA HOUSE"，而"市民之家"则是为了那些希望"KIZUNA HOUSE"可以继续存留下去的市民以及孩子而开展的计划。

这块场地处于继续教育中心的一角，周围有文化馆和棒球场等设施，占地约1200 m²。利用这里的宽阔场地和集中式商业开发区，计划将土地整体打造为一个称得上是"市民之家"的地方。打造明亮且通风的建筑以实现与七滨町丰富的自然和谐共生。地面为水泥地，以便孩子们可以自由出入，随心玩耍。周边种植可以乘凉的树种，建造几处田地、花坛和广场，希望让每个人都能找到家的感觉。另外，尽量扩宽南侧广场。由于文化馆等主要设施都位于北侧广场，所以设置一个小型露台将南北自然地连接起来。虽然建筑屋顶是按照传统方法建造的单坡顶，但通过这一设计，顶棚可以实现高矮不一的效果。这里既有点心铺和游戏屋等为孩子准备的小地方，也有可以让大人们放松身心的高顶棚宽敞空间。横向顶棚的高度不同也可起到自然换气的作用。

市民的期待以及市政府的支援，再加上运营基础牢固，项目自开始以来，不断有多方人士积极参与，经常展开讨论。我想为这些市民建起一处能让每个人都找到归属感的地方，那就是"市民之家"。即使是竣工之后，我们也会继续与市民们一起种树、耕田、平整广场，一步步向未来迈进。希望"市民之家"能与孩子们一起茁壮成长。

（近藤哲雄）

（翻译：李佳泽）

位于西南方的儿童广场视角。"市民之家"旨在为东日本大地震中的受灾群众建造一处新的生活据点。建筑外观计划是经过与市民商讨而逐渐形成的。照片右侧的土地是为研讨而准备的。东南侧设置市内巡回巴士停靠站

设计：建筑：近藤哲雄建筑设计事务所
　　　结构：金田充弘　樱井克哉
　　　环境设备：清野新
　　　外观：GREEN WISE
施工：织部精机制作所
用地面积：1232.15 m²
建筑面积：89.67 m²
使用面积：87.99 m²
层数：地上1层
结构：木结构
工期：2017年3月—7月
摄影：日本新建筑社摄影部（特别标注除外）
（项目说明详见第153页）

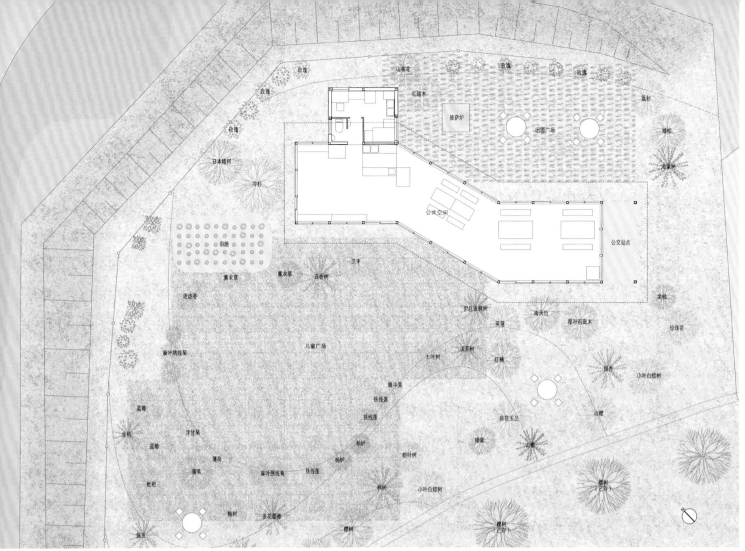

平面图　比例尺1:200（栽种计划如上）

图片提供：云萌后健建筑设计事务所

2011年3月 ⋯⋯⋯⋯⋯	东日本大地震，孩子们的家园遭到破坏。
2013年12月 ⋯⋯⋯⋯	位于临时商业街一角的"KIZUNA HOUSE"开业。
2015年11月 ⋯⋯⋯⋯	决定关闭临时商业街，开启七滨町"市民之家"计划。商店关闭后，"KIZUNA HOUSE"转移到旁边的继续教育中心。
2017年3月 ⋯⋯⋯⋯⋯	召开市民研究会。3月30日关闭七滨町临时应急住宅，构建新社区的需求越发强烈。
2017年7月 ⋯⋯⋯⋯⋯	竣工仪式，500多名市民聚集在此。
2017年9月 ⋯⋯⋯⋯⋯	绿化研究会，与市民一同种树、造田。

区域图　比例尺1:40 000

市民齐心打造休息场所

　　"KIZUNA HOUSE"诞生于2013年12月，旨在为市民提供休息场所。建在临时商业街一角的点心铺，成为那些由于地震无处可去的孩子们每天玩耍的地方。这条临时商业街肩负着灾区复兴的希望。2015年11月，确定关闭临时商业街，当时所有店面都不得不考虑撤出商业街，孩子们联名签字希望留下"KIZUNA HOUSE"，并将联名信送到町长手里。为了回应这份心愿，我们在探寻如何延续下去的时候，与"市民之家"巧然相遇，也受到了Fun&Fresh 连锁便利店（现在的全家便利店family mart）的大力支持。现在，每个月都有1000多个孩子在这里嬉戏，十分热闹。我们希望把这里打造成一个能够更加有益身心的绿色花园，一个市民自发开展活动的据点。

（栗田畅之/RSY代表理事）

1：转移到继续教育中心的"KIZUNA HOUSE" /2：2017年3月开展研究会的情景。商议设施的使用方法和开展的活动等，希望能充分利用好该建筑原本的建造计划和运营方式/
3：暑假时，大量孩子聚集在竣工仪式的情景。这里贩卖的鲷鱼烧形状为七滨盛产的"先生鱼" /4：2017年9月开展绿化研究会的情景/5：屋外栽种的预想图

隔着建筑，可以一眼从儿童广场望到团圆广场。在广场除了召开绿化研究会，还可以利用比萨炉开展料理活动。柱子棱长全部为105 mm，不仅是结构材料，次要构件材料也尽可能减少用材

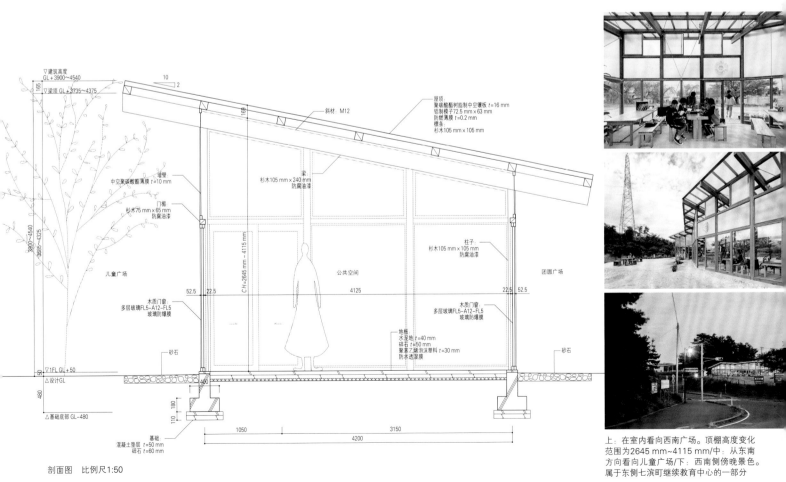

屋顶：
聚碳酸酯树脂制中空镶板 t=16 mm
铝制楼子72.5 mm×63 mm
防燃薄膜 t=0.2 mm
檩条：
杉木105 mm×105 mm

斜材：M12

▽建筑高度
GL＋3900~4540

▽梁顶 GL＋3735~4375

10
2
165

169

墙壁
中空聚碳酸酯薄膜 t=10 mm

门楣
杉木75 mm×65 mm
防腐油漆

梁
杉木105 mm×240 mm 防腐油漆

3900~4540
3685~4325

儿童广场

柱子：
杉木105 mm×105 mm
防腐油漆

CH＝2645~4115 mm

公共空间
4125

团圆广场

52.5 22.5

22.5 52.5

木质门窗：
多层玻璃FL5-A12-FL5
玻璃防爆膜

木质门窗：
多层玻璃FL5-A12-FL5
玻璃防爆膜

地板
水泥混地 t=40 mm
碎石 t=50 mm
聚苯乙烯泡沫塑料 t=30 mm
防水透湿膜

砂石

砂石

50
▽设计GL

480

180
110

400

▽1FL GL＋50

△基础底部 GL-480

基础
混凝土垫层 t=50 mm
碎石 t=60 mm

1050

3150

4200

剖面图　比例尺1:50

上：在室内看向西南广场。顶棚高度变化
范围为2645 mm~4115 mm/中：从东南
方向看向儿童广场/下：西南侧傍晚景色。
属于东侧七滨町继续教育中心的一部分

南三陆町官厅办公楼/歌津综合办事处·歌津公民馆

设计　五十岚学 + 新谷泰规/久米设计
　　　小泽祐二 + 藤木俊大/PEAK STUDIO
施工　钱高·山庄特定建设工程企业联营体
所在地　宫城县本吉郡南三陆町
MINAMISANRIKU TOWN OFFICE ／ UTATSU GENERAL BRANCH + PUBLIC HALL
architects: MANABU IGARASHI + YASUNORI SHINTANI / KUME SEKKEI
　　　　　 YUJI OZAWA + SHUNTA FUJIKI / PEAK STUDIO

南三陆町官厅办公楼1层的MATIDOMA（室内广场）看到的南侧景象。受东日本大地震引发的海啸影响的南三陆町（人口约13 000人）的志津川、歌津两地区行政据点的高地搬迁及新建计划（歌津综合办事处·歌津公民馆详见第61页）。计划在两个建筑物的共有区域，建造一个供町内居民日常交流互动、名为MATIDOMA的室内广场，其上方顶棚由木结构框架构成，阳光照进室内形成斑驳阴影，让人感觉仿佛置身山林一般。所使用的木材九成产自当地，并取得了"森林管理协会（FSC）"的全项目认证。建筑格子梁、室内家具等设施均由南三陆杉木制成

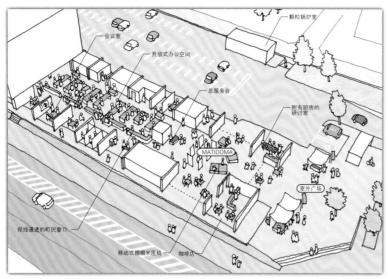

MATIDOMA的设计草图

区域图　比例尺1:8000

MATIDOMA——塑造开放式官厅办公楼

在南三陆町官厅办公楼重建之际，志津川地区作为高地搬迁选址，周边汇集了复兴公营住宅、新医院等建筑设施，新街区的建设工作正如火如荼地进行着。初探项目用地时，便深知需要在新办公楼内开辟一块供居民交流互动的开放式场所，并期望将其打造成人人均能自由出入、通透洁净、采光自然如公园般的公共空间。

新办公楼的设计方案简单明了、通俗易懂，其空间功能设计如下：3层空间定位为议会功能；2层小空间设置行政执行部门和灾害对策总部；1层开阔的空间里汇集各项便民服务功能。与町民窗口相邻、名为"MATIDOMA"的室内广场，是居民参加自治、协作互助、发送信息的场所。新办公楼旨在通过设计一片大的"木屋顶"，将这些局部空间"化零为整"，打造成一个大空间，拉近居民和行政人员的距离。

在当地，尤其是正在实施的官厅办公楼重建计划，涉及各科编组的变更、行政人员减少、设施功能多元化及使用效率等多项课题。MATIDOMA及其所处的1层开阔空间，便能满足其中一些需求。复兴工作吸引了众多前来援助的工作者，MATIDOMA在有效疏通大量客流的同时，也能弹性应对今后的布局变更、居民活动场所的扩建等变化。

在项目设计阶段，以高中生和地区团体为中心举办了设计研讨会，共同探讨MATIDOMA的使用方法。我们认为，这不仅可以将他们的诉求纳入设计方案中，还可以给参与者留下深刻印象，从而为该地今后的人才培养做准备。

当地居民、行政人员已经开始在MATIDOMA举办儿童绘画展、专题研讨会等各种活动。我们希望通过围绕MATIDOMA展开的行政和居民之间的协作互动，推动街区复兴工作的进程。

（藤木俊大·小泽祐二/PEAK STUDIO）

（翻译：汪茜）

■南三陆町官厅办公楼
设计：五十岚学 + 新谷泰规/久米设计
　　　小泽祐二 + 藤木俊大/PEAK STUDIO
施工：钱高·山庄特定建设工程企业联营体
用地面积：8730.11 m²
建筑面积：2656.75 m²
使用面积：3772.65 m²
层数：地上3层　阁楼1层
结构：钢筋骨架结构　钢筋混凝土结构　木结构
工期：2016年2月—2017年8月
摄影：日本新建筑社摄影部
*摄影：田中克昌
（项目说明详见第162页）

西侧全景。将1层100m长的空间打造成町民窗口以及供居民交流互动的公共空间，2层为行政执行部门。3层为议会工作室，这是考虑各楼层的不同功能，为保障安全而进行的楼层设计方式

东侧入口处看向MATIDOMA。将通往MATIDOMA的门窗全部打开，可使之与周围广场连成一体，内部以宫城县北部的传统装饰工艺品"镂空纸雕"为主题，设计了移动式隔扇，可根据不同需求进行空间调节

移动式门窗 h=3000 mm

该薄裂缝混凝土
南三陆杉树插接加工楼板

展示·隔离
中空聚碳酸酯树脂板 t=10 mm
铝制框架

MATIDOMA

榻榻米座椅

空调络楼

洽谈室

地板（榉木）t=15 mm

南三陆杉木百叶窗

前台
杉木密化材 粘贴漆布

空调机械室

总服务台

无休窗口

办公空间

瓷砖600 mm×600 mm t=10 mm

方块地毯 t=5 mm

防风室

ATM

仓库

洽谈室

会议室

会议室

空调机械室

移动式门窗
h=3000 mm

1层平面图　比例尺1:200

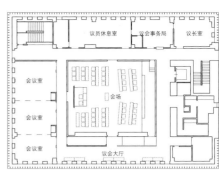

议员休息室　议会事务局　议长室

会议室

会议室

会场

会议室

议会大厅

3层平面图

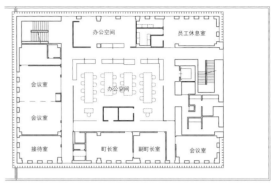

办公空间　员工休息室

会议室

办公空间

会议室

接待室　町长室　副町长室　会议室

2层平面图

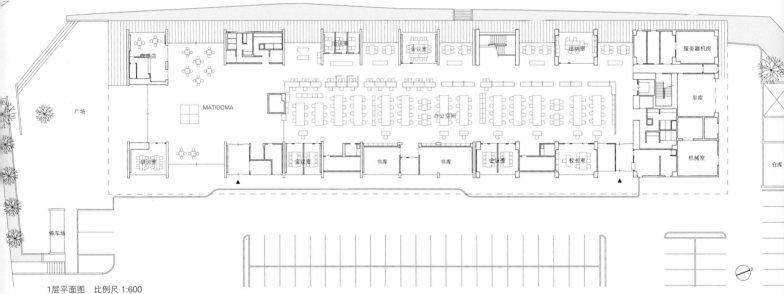

广场

咖啡店

MATIDOMA

研讨室

会议室

办公空间

会议室

书库

书库

会议室

校长室

出纳室

服务器机房

车库

机械室

仓库

停车场

1层平面图　比例尺 1:600

左：办公空间/右：从MATIDOMA看到的办公空间内部景象。集成材的网格框架构成
3200 mm×3200 mm格栅，将1层的町民窗口和办公区域连接起来

尊重空间布局的结构、设备计划

本项目的结构特征体现在其采用木结构、钢筋混凝土结构、钢筋骨架结构等混合结构。对耐火性能要求较高的高层部分采用钢筋骨架结构，而在居民使用较多的低层区域，通过钢筋混凝土壁柱支撑钢桁架式的网格框架，形成无柱大空间。

同时，高侧光可透过框架滤进建筑内，

营造出柔和明朗的空间氛围。在空调计划方面，1层宽阔的办公空间采取了热泵式地暖，MATIDOMA采用以锅炉为热源的低温热水地暖方式，在考虑环境保护的同时，根据各空间的不同功能进行相应的设计。

（新谷泰规/久米设计）

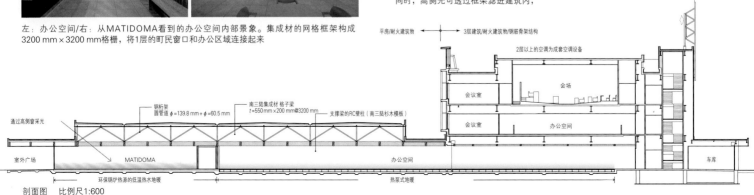

平房/耐火建筑物　← →　3层建筑/耐火建筑物/钢筋骨架结构

2层以上的空调为成套空调设备

会议室　会场

会议室　办公空间

车库

通过高侧窗采光

钢桁架
圆管道 φ=139.8 mm+φ=60.5 mm

南三陆集成材 格子梁
t=550 mm×200 mm@3200 mm

支撑梁的RC壁柱（南三陆杉木模板）

室外广场

MATIDOMA

办公空间

环保锅炉热源的低温热水地暖　热泵式地暖

剖面图　比例尺1:600

3层会场。南三陆杉木百叶窗上方的反射光，使
室内光线变得柔和

从办公空间看到的西侧景象。跨度为6400 mm的混凝土墙壁，塑造出会议
室、洽谈室这一可供居民使用的组合*

东北方向俯瞰图。该片区域通过"削山"新建而成，因其地势较高可免受海啸灾害，被选作重建住宅、医院及官厅的复兴区域。在本项目中，计划以体育馆等原有公共设施为中心，配套设计出居民活动场所MATIDOMA（新办公楼内）及室外广场，旨在打造一个面向居民的城中公园

从重建办公楼到下一步街区建设

在东日本大地震震灾7周年之际，南三陆町分别于2017年6月、9月建成了歌津综合办事处及南三陆町官厅新办公楼，这是灾后复兴工作中，在行政工作和居民生活之间架起的一座新桥梁。以建成一栋亲民开放、作为防灾据点守护居民安全、行政工作高效化的办公楼为目标，与当地居民共同迈出了第一步。设计之初，我们向设计师表达了诉求，希望建造出亲民便民的办公楼，在建筑材料方面希望能充分利用南三陆杉木以达到宣传效果。我想，MATIDOMA这一舒适的空间超出了我们的期望，身处MATIDOMA，仿佛置身山林之中，照进室内的阳光似乎是从枝叶的缝隙中洒落下来一样，令人心情愉悦。从新办公楼的落成，到基础建设的下一步——可持续街区的建设和发展，希望创建出"自然、人、工作相互交织，安全且热闹的街区"，与此同时，力求通过地区振兴行动，向日本全国展示风景秀丽的南三陆町的优美姿态。

（佐藤仁/南三陆町长）

南三陆町区域图　比例尺1:800 000

- 住宅区
- 公共公益设施区
- 公园绿地等区域
- 水产业相关区域
- 商业·工作区

志津川地区区域图　比例尺1:20 000

复兴之后的公共建筑

南三陆町曾遭受东日本大地震引发的海啸灾害，其中志津川、歌津两地街区被摧毁，行政功能丧失，距地震发生已经过了7个年头，作为两地复兴据点的官厅办公楼、综合办事处，已成功完成高地搬迁重建工程于并2017年投入使用。

在项目设计之时，我们多次访问了南三陆町。通过此次加高工程，我们在这个日益变化的城区里侧耳倾听当地居民的声音。通过一次次的探访，我们确信，这个项目不单单是原有设施的复兴重建，更是与灾区人民息息相关的再生社区据点。

在两个建筑物的共有区域里，植入了名为MATIDOMA（意为"街区的观众席"）的公共交流互动空间，这是凸显上述理念的具象化措施之一。我们希望创造出一个简单质朴的公共空间，能让居民怀着轻松的心情来访，在同一片屋檐下共同度过悠闲时光；同时又期盼它能为今后的街区建设做出贡献，成为居民交流互动的场所。希望在如今这项举全城之力推进的复兴工作中，人们相互携手共进的姿态，能成为植根于这片土地的独一无二的宝贵财富。

与MATIDOMA一样，两个建筑物拥有诸多相同的设计手法。装饰材料、家具、模板等均由当地盛产的南三陆杉木制成。此外，町民窗口上方的大顶棚，也由南三陆杉木格子梁构成，突出了建筑结构体。

通过尝试使用南三陆杉木，本项目成为日本国内首个获得森林保护国际认证（FSC）全项目认证的公共建筑，为南三陆町的林业振兴事业做出了贡献。在项目设计过程中，我们通过研讨会，与肩负这片地区未来的年轻人进行交流，了解到他们对这片土地的情感，当地居民对这片土地的热爱是今后街区复兴建设的不竭动力。

不仅是灾区，如今，整个日本都面临着少子老龄化问题，官厅的建筑形态也迎来了转型期。

以复兴工作为契机，以贴近居民为主题的"复兴地区产业""建设低层亲民的官厅办公楼"等各种尝试，出乎意料地让我们看到了因人口减少而发生变化的行政服务课题，由此成为重新思考以人为本的"公共建筑"的契机。（五十岚学/久米设计）

工程项目时间表

1~3：围绕MATIDOMA的研讨会场景。就设计方案进行说明，利用模型探讨MATIDOMA的使用方法/4：将南三陆杉木制成结构集成材时的加工图/5：建筑结构参观学习会。在木结构组装施工之际，举办了面向居民的参观学习会/6：在活跃于宫城县的艺术制作人的帮助下，制作以"镂空纸雕"为主题的移动式隔扇/7：环保平板制作图。由町内NPO主办，当地老年人在工厂利用粗砾石、瓷砖、玻璃片制作环保平板

■歌津综合办事处

东侧外观

■歌津综合办事处·歌津公民馆
设计：五十岚学＋新谷泰规/久米设计
　　　小泽祐二＋藤木俊大/PEAK STUDIO
施工：钱高·山庄特定建设工程企业联营体
用地面积：2338.35 m²
建筑面积：1392.07 m²
使用面积：1298.55 m²
层数：地上1层
结构：钢筋骨架结构　钢筋混凝土结构　木结构
工期：2016年2月—2017年5月
摄影：日本新建筑社摄影部（特别标注除外）
（项目说明详见第154页）

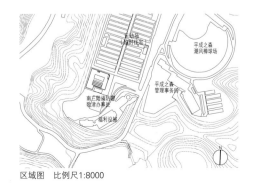

从MATIDOMA看向东侧。办公空间、会议室、社区图书馆，以MATIDOMA为中心相互连成一体，自然光顺着坡屋顶结构的高侧窗均匀洒进来，室内光线柔和舒适

环绕MATIDOMA的设施结构

该项目坐落于歌津地区高地，是对在海啸中遭到损坏的综合办事处、公民馆、保健中心进行重建的三馆合一的综合建筑体。与线状的官厅办公楼相比，该建筑的平面形状近似正方形，内部中央的MATIDOMA将综合办事处、会议研修室、烹调室等区域巧妙连接起来，凸显了"共享空间"的主题。外侧临近杂木林，自然景观优美，透过分散设置的建筑物间隙，可以窥见南三陆地区的自然景观，将片片绿意引入建筑内部的同时，通过当地人的日常生活催生相互之间的交流互动。从近似于住宅的规模、公民馆的建筑风格，到建筑规模及屋顶的形状、涂装、素材选择等细节部分，都进行了反复考量，小小的交流空间，是"MATIDOMA（街区的观众席）"这一设计理念的原型。　　（新谷泰规/久米设计）

区域图　比例尺1:8000

平面图　比例尺1:1200

石卷市立雄胜小学与雄胜中学

设计　关空间设计　ALSED建筑研究所
施工　丰和建设·山大特定建设工程企业联营体
所在地　宫城县石卷市
ISHINOMAKI CITY-OGATSU ELEMENTARY SCHOOL　OGATSU JUNIOR HIGH SCHOOL
architects: SEKI KUKAN SEKKEI　ALSED ARCHITECTURAL LABORATORY

从建筑北侧县道越过特设教学楼眺望雄胜湾。雄胜町内四所学校合并举迁至新校区，其中包括在
东日本大地震中受灾的雄胜小学与雄胜中学。本项目负责新校区的设计与建造。特设教学楼为3
层钢筋混凝土建筑，内部包括依北侧山势而建的体育馆等公共设施。该教学楼一旁为县道，这样
的位置不仅吸引来往车辆注意，更有望成为当地的一大交流中心

由东侧看向特设教学楼。该教学楼第3层向公众开放，外部设有"空中走廊"与道路相连。学生可从北坡楼梯下楼，穿过架空层，到达南侧楼梯口。阶梯广场为临水空间设计，中央设有一口水井，引自后山泉水

南侧俯瞰图。建筑用地为紧邻雄胜湾的台地，海拔20 m。周围除建有托儿所、敬老院外，还有与本项目同期竣工的灾后重建住房。本项目投标方案提议土木工程与校区建设并举，保留周边森林与地形等特点，方便将来在教学中加以利用

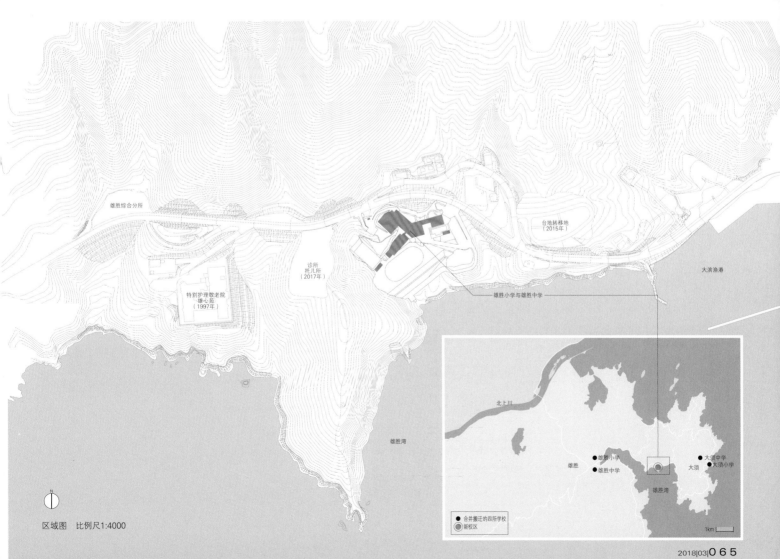

区域图　比例尺1:4000

南侧操场视角。左侧建筑物为木结构普通教学楼，右侧建筑物为特设教学·管理楼

成为地区社交中心的小规模学校典范

本项目旨在为雄胜地区的四所学校设计并建造合并后的新校区。这四所学校分别为在地震中受灾的雄胜小学与雄胜中学，建于山顶的大须小学以及木结构校舍老化的大须中学。新校区选址在雄胜湾边的一处台地。

建筑用地选取县道南侧向阳且植被繁盛的地带，经处理后的平地与县道之间存在较大高度差。北侧坡地建有几处民房，计划在民房附近建造灾害公营住房，形成一片住宅区。

项目建设共需实现四项要求：一是，成为地区灾后重建标志性建筑，打造良好的教育环境；二是，利用好小规模学校优点，创建中小学联办教学典范；三是，珍惜当地历史、文化与自然环境，实现学校与地方联合办学；四是，保护学生与周边居民免受灾害袭击。基本设计阶段，我们与四校校长及教导主任交谈，并组织研讨会，与家长、周边居民以及学生交流意见，探讨如何建设舒适的小班化教室，如何实现周边居民的使用与管理。

由于建筑设计与修建计划同步进行，布局规划中不断调整建筑物分布、地基高度，以及堆土倾斜面与防护墙的建造方法等细节。为将学校建设成风景秀丽的雄胜地区代表性公共设施，尽可能保留原有的外部环境，创造可利用大海、森林与地形开展活动的空间。

沿县道建造的特设教学楼第3层设有公共走廊与开放区域，旨在将其建设成为供当地居民管理与使用的"社区中心"。建筑顶部为朝向县道的山形屋顶，3层走廊的墙壁铺设着曾被视为废弃材料的雄胜板岩，外观设计颇具雄胜当地民房的特色。

考虑柔和的木材具有静心凝神等诸多优点，我们决定采用木结构，建造适用于长时间活动的普通教学楼。教室较小，可容纳10人左右，宜使用小规格木材打造适合孩子们身量的温馨空间。

2017年8月24日，在多方努力配合下，学校终于迎来第一批学生——20名小学生与21名中学生。期待这里能够成为当地交流的中心。

（江田绅辅/关空间设计+关邦纪/ALSED建筑研究所）

（翻译：朱佳英）

▽西门（39.00 m）

▽3FL（29.30 m）

▽2FL（21.53 m）

▽1FL（21.48 m）
▽操场（20 m）

操场（20 m）

室外操场（木结构）

▽雄胜湾（0 m）

剖面图 比例尺1:400

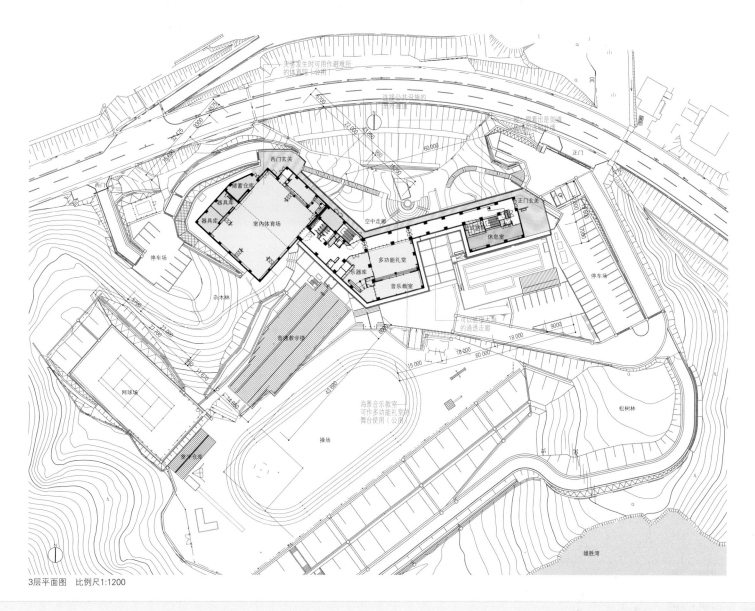

3层平面图　比例尺1:1200

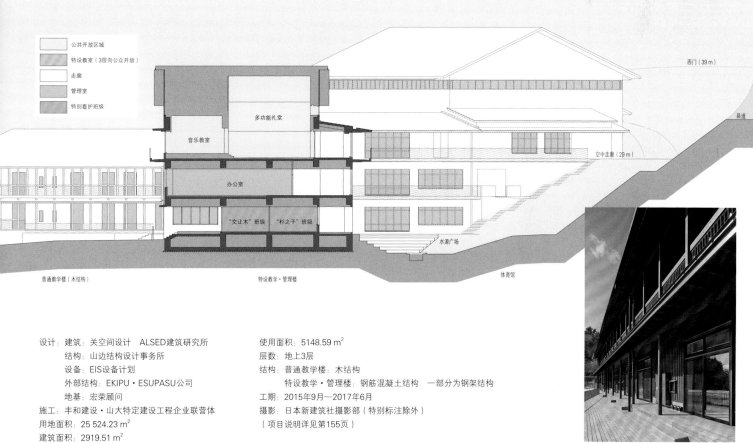

公共开放区域
特设教室（3层向公众开放）
走廊
管理室
特别看护班级

普通教学楼（木结构）　　　　特设教学·管理楼　　　　体育馆

普通教学楼1层与操场相连的阳台

设计：建筑：关空间设计　ALSED建筑研究所
　　　结构：山边结构设计事务所
　　　设备：EIS设备计划
　　　外部结构：EKIPU·ESUPASU公司
　　　地基：宏荣顾问
　　施工：丰和建设·山大特定建设工程企业联营体
　　用地面积：25 524.23 m²
　　建筑面积：2919.51 m²

使用面积：5148.59 m²
层数：地上3层
结构：普通教学楼：木结构
　　　特设教学·管理楼：钢筋混凝土结构　一部分为钢架结构
工期：2015年9月—2017年6月
摄影：日本新建筑社摄影部（特别标注除外）
（项目说明详见第155页）

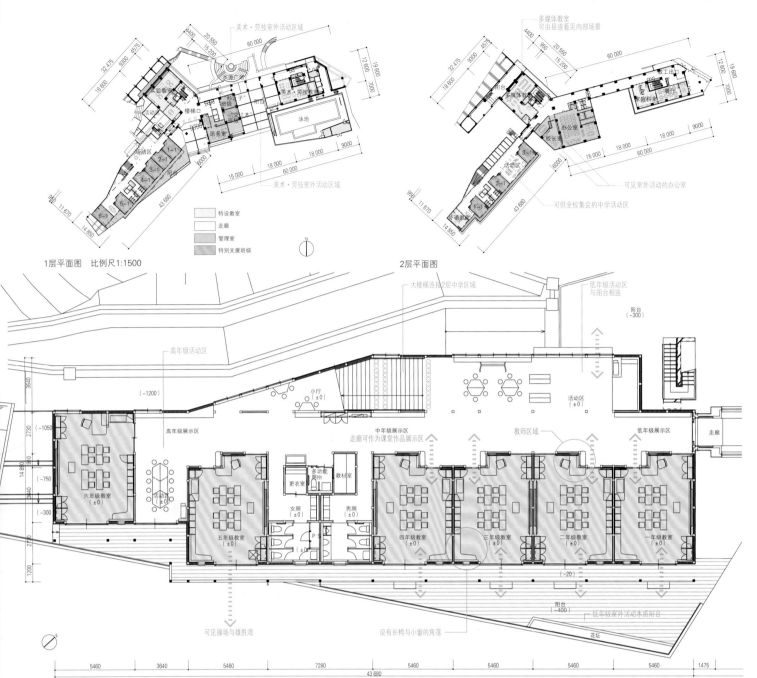

美术·劳技室外活动区域

实验教室
杉子
楼梯口
班级
医务室
泳池
美术·劳技教室

活动区
2-1
阳台

美术·劳技室外活动区域

特设教室
走廊
管理室
特别支援班级

1层平面图　比例尺1:1500

多媒体教室
可由县道看见内部场景

阳台
多媒体教室
办公室
校长室
活动区
可见室外活动的办公室
可供全校集会的中学活动区

2层平面图

大楼梯连接2层中学区域

低年级活动区
与阳台相连

阳台
(−300)

高年级活动区

小厅
(±0)

活动区
(±0)

(−1200)

高年级展示区

中年级展示区
走廊可作为课堂作品展示区

教师区域

低年级展示区

走廊

六年级教室
(±0)

更衣室
多功能
厕所
教材室

活动

五年级教室
(±0)

女厕
(±0)

男厕
(±0)

四年级教室
(±0)

三年级教室
(±0)

二年级教室
(±0)

一年级教室
(±0)

(−20)

阳台
(−400)
低年级室外活动木质阳台

花坛

可见操场与雄胜湾

设有长椅与小窗的角落

普通教学楼平面详图　比例尺1:250

"空中走廊"一览。外墙装饰采用雄胜板岩，取自地震损毁房屋

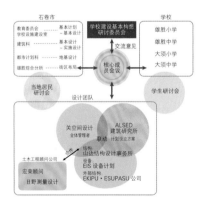

研讨体制构成图

石卷市
教育委员会
学校设施建设室
建筑科
都市计划科
雄胜综合分所

基本计划
基本设计
实施设计
地基设计
街区布局

学校建设基本构想
研讨委员会

交流意见

核心成员会议

当地居民研讨会

学生研讨会

设计团队

关空间设计
全体管理者

ALSED
建筑研究所
联动设立方案

土木工程顾问公司
宏荣顾问
日野测量设计

结构：
山边结构设计事务所
设备：
EIS设备计划
外部结构：
EKIPU·ESUPASU公司

学校
雄胜小学
雄胜中学
大须小学
大须中学

让居民对项目产生感情的研讨体制

由于建筑用地的自然地形高度差较大，需要采取房屋建造与地基建设并行，土地开发等一系列复杂而又细致的措施。为此，经验丰富的东京土木工程顾问公司与业务优良的当地土木工程顾问公司共同组成设计团队。

参与本次规划设计的是石卷市四所需要合并的学校。设计团队包括三方，定期举行核心成员会议讨论意见。同时也通过与当地居民以及学生的研讨会获取建议，加深人们对新学校的期待与喜爱。此外，在基本规划与设计的总结阶段，我们邀请长泽悟与小野田泰明等权威人士与学校、PTA（家长教室联会）、当地居民代表组成"学校建设基本构想研讨委员会"。通过召开意见交流会，从宏观角度获得建议，然后再将建议融入项目计划中。

（江田绅辅/关空间设计）

1：市、学校以及设计团队三方出席核心成员会议，讨论各个教室的功能和各个区块的联系/2：召开当地居民研讨会的情景。就公共设施的使用与管理方法交换意见/3、4：召开学生研讨会的情景。孩子们思考并发表自己理想中的教室与游戏场/5：雄胜石壁画研究教室。利用作为废弃材料处理的雄胜板岩绘制壁画，装饰多功能礼堂舞台两侧（详见第69页图片）

图片提供：ALSED建筑研究所/关空间设计

普通教学楼2层活动区。2层设有中学教室，桁架结构完全呈现在外，所以天花板位置较高。由于教学楼规模小，故采用住宅用的小规格建材

普通教学楼1层走廊。可从照片右侧的窗户看到防护墙

连接普通教学楼1层与2层的大楼梯

普通教学楼2层教室

特设教学楼第3层中与休息室拼设的日式房间。除面向公众开放外，平时也作为学生等候校车的场所

特设教学楼2层多功能礼堂，当地居民也可使用。舞台区域拉上帘子后可用作音乐教室

作手小学与作手交流馆

设计　东畑建筑事务所
施工　波多野组・三河建设工业特定建设工程企业联营体
所在地　爱知县新城市
TSUKUDE ELEMENTARY SCHOOL AND TSUKUDE REGIONAL EXCHANGE FACILITY
architects: TOHATA ARCHITECTS AND ENGINEERS

由东侧看向中庭。该建筑项目为综合型设施，包括新城市作手地区四所小学合并后的
"作手小学"，以及当地活动交流中心"作手交流馆"。项目选址于新城市政府综合
分所、老年人福利中心、诊所等生活设施聚集的区域。小学校舍与交流馆采用统一的
屋顶设计，室内与室外由走廊相连，共用一部分房间。建材采用当地产的杉木与扁柏，
用量约600 m³。

木香萦绕的共同学习与共同培育场所

建筑用地选在新城市原作手村地区。这里平均海拔550 m，气候凉爽，自然环境优美，并且有龟山城址等众多历史遗迹。本项目为综合型设施，包括为本地区四所小学合并而建的校舍"作手小学"，以及当地活动交流中心"作手交流馆"。考虑当地人一直以来的期望，作手小学采用木结构平房设计。同时，本项目在设计上旨在贯彻新城市的教育理念，即共育（首要考虑孩子们的未来，通过以学校为中心、地区总动员的方式，实现共同学习与共同培育）的思想。

实现这一设计理念，需要让更多居民参与到项目建设中来。于是，我们尽力提供机会，促进人们的交流与参与。比如以小学高年级学生为对象，就他们

使用及打扫的厕所开展体验式演讲；由当地孩子的父亲们组成"作手豆苗会"；尝试主持建筑上梁仪式和外墙涂刷施工等方式，摸索地区总动员参与建设的方式。这样一来，不仅给居民带来欢乐，也给设计者们增添乐趣。社区规划师、学校教育协调员等专家以及设计师、大学生们共同参与到团队中来，其丰富程度远远超出预期。

各方参与的成果在平面规划中大放异彩。由于中庭四周均设建筑，位于两端的小学校舍与交流馆设计简洁不设围墙。环绕中庭的房屋为小学和交流馆的共享空间。如此一来，当地居民与学生便彼此可见对方的日常活动，平添一份活力与热闹。该建筑项目已投入使用1年，在如今的中庭中可以看到孩子们跑动

的身影，以及他们向过路的大人们问好的样子；学生们在休息室里一起学习的场景；使用当地特有食材上课的烹调教室以及珠算课上男女少们热热闹闹学习的情景。虽然建造过程颇为周折，但却意外地获得许多居民的支持。项目施工期较长，正因如此，在建设缓慢推进过程中又有更多的人融入进来。上梁仪式时，当地年轻人们衷心说道："这里就是我们共同的家，欢迎大家随时来玩！"这正是对该建筑项目意义的诠释。

（久保久志/东畑建筑事务所＋内海慎一/studio-L）

（翻译：朱佳英）

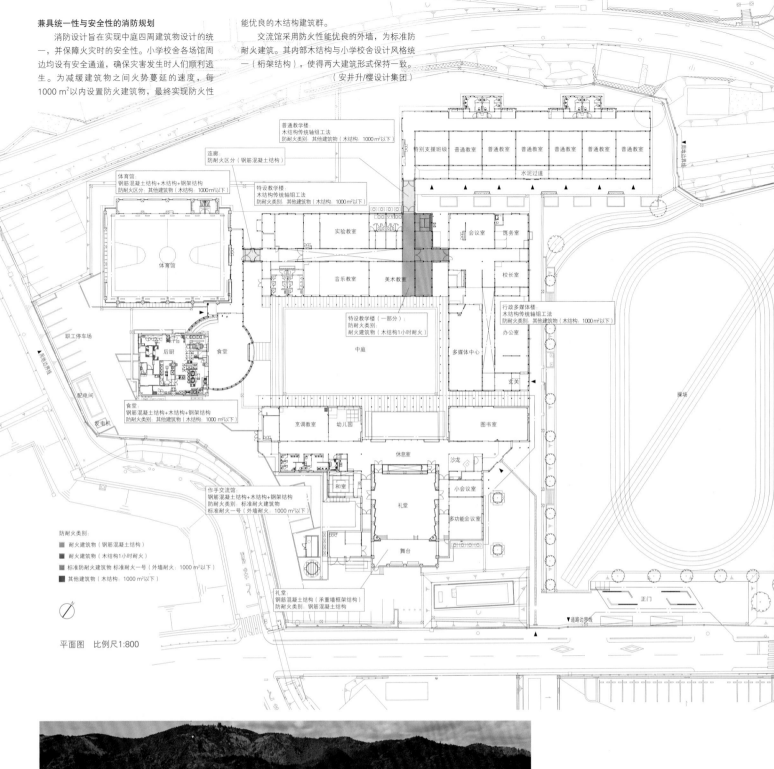

兼具统一性与安全性的消防规划

消防设计旨在实现中庭四周建筑物设计的统一，并保障火灾时的安全性。小学校舍各场馆周边均设有安全通道，确保灾害发生时人们顺利逃生。为减缓建筑物之间火势蔓延的速度，每1000 m²以内设置防火建筑物，最终实现防火性能优良的木结构建筑群。

交流馆采用防火性能优良的外墙，为标准防耐火建筑。其内部木结构与小学校舍设计风格统一（桁架结构），使得两大建筑形式保持一致。

（安井升/樱设计集团）

普通教学楼：
木结构传统轴组工法
防耐火类别：其他建筑物（木结构：1000 m²以下）

连廊：
防耐火区分（钢筋混凝土结构）

体育馆：
钢筋混凝土结构+木结构+钢架结构
防耐火区分：其他建筑物（木结构：1000 m²以下）

特设教学楼：
木结构传统轴组工法
防耐火类别：其他建筑物（木结构：1000 m²以下）

特设教学楼（一部分）：
防耐火类别：
耐火建筑物（木结构1小时耐火）

行政多媒体楼：
木结构传统轴组工法
防耐火类别：其他建筑物（木结构：1000 m²以下）

食堂：
钢筋混凝土结构+木结构+钢架结构
防耐火类别：其他建筑物（木结构：1000 m²以下）

作手交流馆：
钢筋混凝土结构+木结构+钢架结构
防耐火类别：标准耐火建筑物
标准耐火一号（外墙耐火：1000 m²以下）

礼堂：
钢筋混凝土结构（承重墙框架结构）
防耐火类别：钢筋混凝土结构

防耐火类别：
- ■ 耐火建筑物（钢筋混凝土结构）
- ■ 耐火建筑物（木结构1小时耐火）
- ■ 标准防火建筑物 标准耐火一号（外墙耐火：1000 m²以下）
- ■ 其他建筑物（木结构：1000 m²以下）

平面图　比例尺1:800

特别支援班级　普通教室　普通教室　普通教室　普通教室　普通教室　普通教室

水泥过道

实验室　会议室　医务室

音乐教室　美术教室　校长室

中庭　多媒体中心

办公室

烹调教室　幼儿园　图书室　玄关

后厨　食堂

休息室　沙龙

和室　小会议室

礼堂　多功能会议室

舞台

职工停车场

配电间

发电机

操场

正门

▼道路边界线

东侧俯瞰图。南侧建筑为新城市政府作手综合分所，西侧建筑为新城市社会福祉协会作手中心以及作手幼儿园。新城市作手历史民俗资料馆和消防署则位于小学、交流馆与操场区域的两侧

设计：建筑：东畑建筑事务所
施工：波多野组·三河建设工业特定建设工程企业联营体
用地面积：16 106.53 m²
建筑面积：4827.51 m²
使用面积：4532.35 m²
层数：地上1层
结构：木结构　一部分为钢筋混凝土与钢架结构
工期：2015年10月—2017年3月
摄影：日本新建筑社摄影部（特别标注除外）
（项目说明详见第156页）

上：由休息室看向中庭。室外设置带有屋顶的开放式走廊。休息室虽属于交流馆，但与校舍之间不设界线，方便学生自由往来与使用。考虑消防安全，该部分建筑采用钢筋混凝土、钢架与木结构的混合结构／下：普通教学楼。教室为纵列分布，学生可经由外侧水泥过道到达各个教室。建筑采用传统轴组工法建造

区域图　比例尺1:25 000

从正门（屋顶部分为150 mm厚的直交集成板）方向可见右侧小学普通教学楼与中间行政多媒体楼。正门中央通道为交流馆入口

交流馆休息室。透过窗户可见小学行政多媒体楼。右侧为礼堂（钢筋混凝土结构）。交流馆（混合结构）钢筋混凝土外墙与礼堂共同抵抗地震破坏力

普通教室。上方房梁混合使用钢筋梁与木梁。设计采用环保的自然派建筑理念，通过设置高窗实现自然通风，高房檐设计避免光线直射

特设教学楼室内走廊。通过设置高窗采光。教学楼两端为防火建筑物
（木结构1小时耐火结构，钢筋混凝土结构）。如此一来，该栋建筑
就无需设置防火墙（1000 m²范围内）

室内体育场。采用混合结构，由钢筋混凝土柱与
木柱斜向支撑钢架屋顶。由于无垢材长度不合适，
所以木结构部分使用集成材

从食堂看向中庭。集成材木柱呈圆形分布，与环状钢架
屋顶紧密接合。相邻的厨房采用钢筋混凝土结构，可以
分散食堂的一部分地震冲击力

如何有效利用本市森林资源

该项目结构材所用木材均为本地自产原木。2012年与2013年的设计阶段，我们在"新城市木材调配协会"（在活用木材建筑推进协会影响下成立的机构）获得木材资源信息，预订结构材。

具体方针如下：一是，恰当评估森林资源价值，尽可能加工成半成品；二是，灵活使用包括市所有林在内的新城当地原木；三是，尽可能让更多市内木材生产商参与项目。设计最初阶段依据来自当地商的信息，判断施工方法是否可行，并将其反馈到结构设计上。同时，根据当地生产体制和供给能力确定构件制法，确定施工进度。

（中牟田昌庆/东畑建筑事务所+佐藤孝浩/樱设计集团）

木材与结构形式因地、因材制宜

作为结构材使用的木材用量共计600 m³。为有效利用新城市当地木材（杉木、扁柏），我们与木材协调员共同进行材料调配工作，推进结构规划的进行。其中，普通、特设教学楼采用木结构传统轴组工法，考虑大空间结构的隔音与防火规划，室内体育场、食堂以及交流馆采用木结构、钢筋混凝土和钢架的混合结构。

结构材按用途不同分为制材和集成材。且根据需要，可进一步与钢筋混凝土、钢架等拼接，以分散木结构的巨大承重负担。如此一来，便可减少当地木材的使用。

（中牟田昌庆/东畑建筑事务所+佐藤孝浩/樱设计集团）

■ 木材调配体制

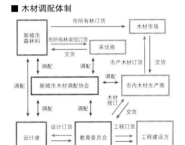

1：施工建设中的食堂。集成材木柱与环状钢架对接/2：交流馆。外墙防火型标准防耐火建筑物。中央与右侧为抗震墙（钢筋混凝土结构）

上：礼堂。可容纳200人/下：厨房。外墙防火型标准防耐火建筑物。采用与小学校舍同样风格的木结构，保持建筑设计的统一

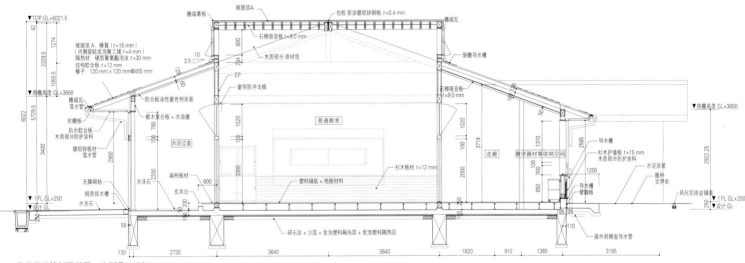

普通教学楼剖面详图　比例尺1:120

特设教学楼剖面详图　比例尺1:120

京都府立京都学·历彩馆

设计 饭田善彦建筑工房
施工 竹中工务店·增田组·Amerikaya 特定建设工程企业联营体
所在地 京都府京都市左京区
KYOTO INSTITUTE, LIBRARY AND ARCHIVES
architects: IIDA ARCHISHIP STUDIO

该建筑是集京都府立综合资料馆、京都府立大学文学部及其图书馆，还有新建的京都学中心四个建筑功能为一体的综合性复合建筑。在2011年举办的建筑设计大赛中选拔出优秀设计师承担该建筑的设计工作。整个建筑物的屋顶由倾斜角度不同、大小不同的屋顶组合成一个整体

资料馆入口大厅东侧视角，屋顶交错倾斜度各有不同，房檐也各有特色。房檐材料用的是京都本地的杉木板

东南方向视角。建筑主立面朝向下鸭中通大道。墙面覆盖网状的有孔护墙板

西侧立面图　比例尺1:800

上：南侧视角/下：资料馆入口大厅处看下鸭中通大道

区域图　比例尺1:4000

设计：建筑：饭田善彦建筑工房
　　　结构：Plus One结构设计
　　　设备：综合设备计划
施工：竹中工务店・增田组・Amerikaya 特定建设工程企业联营体
用地面积：116 932.79 m²
建筑面积：6716.04 m²
使用面积：23 940.68 m²
层数：地下2层　地上4层
结构：钢筋混凝土结构　一部分为钢架钢筋混凝土结构
工期：2013年8月—2016年7月
摄影：日本新建筑社摄影部
（项目说明详见第157页）

东侧远景。屋顶将全长115 m的立面分节，使得该建筑与
街景融合为一体

3层连接桥处视角，俯视2层阅览室。横跨分节屋顶的斜梁形成山形屋顶。
建筑物较短一侧墙壁为使建筑物空间采光好，防震支架采用网格状钢丝结构。
柱子统一设计成250 mm见方的方柱

文学部入口处视角。右手边是研讨会室，内部
是京都学休息室，设置3层高的挑空空间。屋
顶的交错设计使得阳光可以射入

2层普通阅览室视角。右边为光庭，可看到连接桥，将京都府立大学的研究室和自习室联系在一起，不同活动可以交叉进行

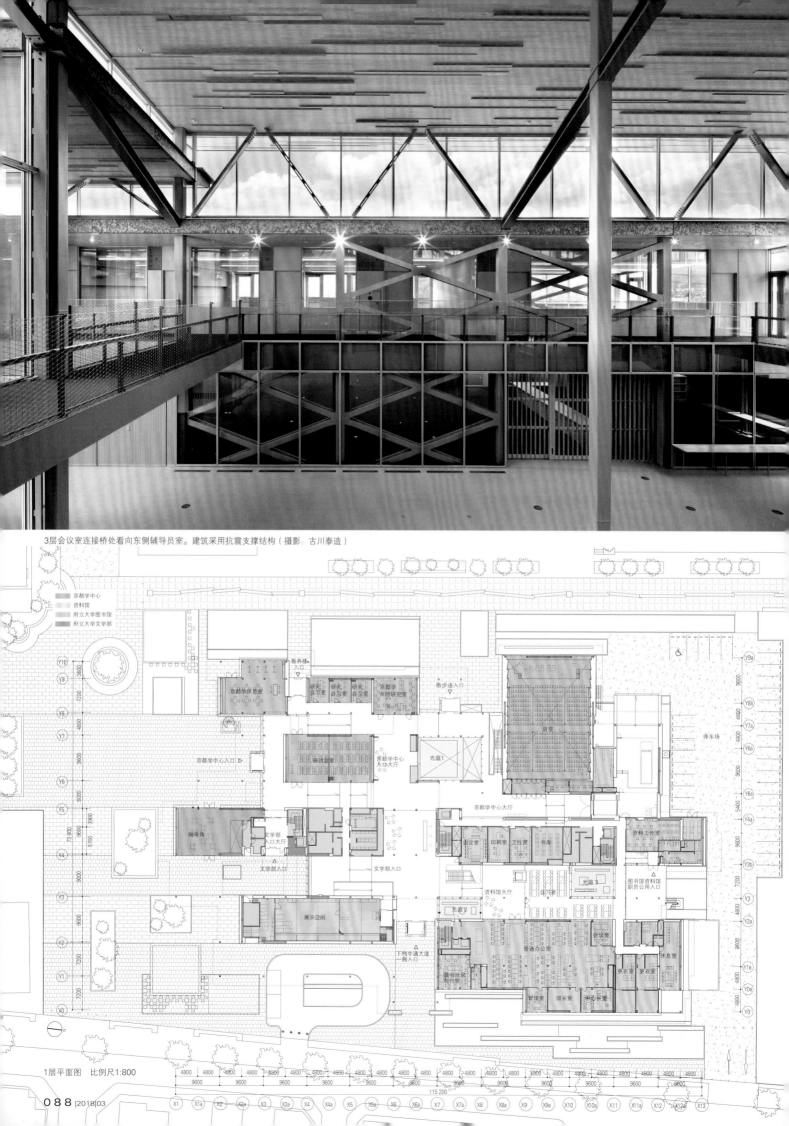

3层会议室连接桥处看向东侧辅导员室。建筑采用抗震支撑结构（摄影：古川泰造）

京都学中心
资料馆
府立大学图书馆
府立大学文学部

1层平面图　比例尺1:800

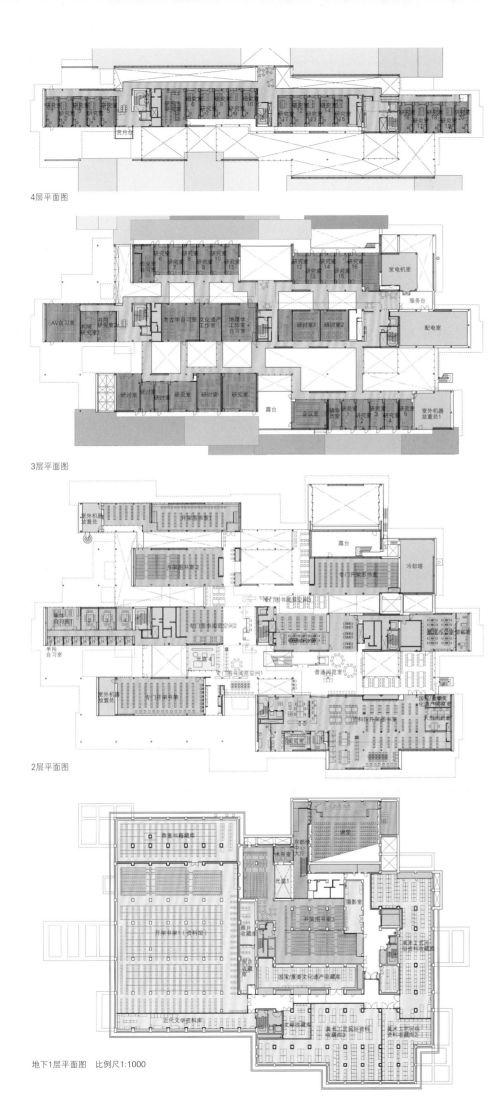

4层平面图

3层平面图

2层平面图

地下1层平面图　比例尺1:1000

上：4层研究室前走廊视角。连续的挑空空间，可看到1层空间/下：研究室方向视角

从1层看向2层专门图书阅览室

上：京都学中心区域。右方为研讨会室，左方为研究自习室
下：从资料馆入口大厅看京都学中心入口大厅

左上：2层开架图书室1。左边是行人散步道和教养教育共同化设施"稻盛纪念会馆"（94页）/右上：专门图书阅览空间靠窗座席处视角/左下：越过研讨会室看研究自习室方向/右下：地下1层
设计的2层讲堂，采用高侧窗采光方式

X1剖面图 比例尺 1:1200

X5剖面图

X8剖面图

X2剖面图

X6剖面图

X9剖面图

X4剖面图

X7剖面图

X11剖面图

装扮京都——新的综合公共空间

饭田善彦（建筑师）

西侧视角

作为文化、教育、创造活动的据点

2011年国际设计比赛举办之际，京都发布的募集要点中，就包括加强新综合资料馆（暂称）与府立大学之间的合作、设置一个新的"国际京都学中心"、使这里成为文化学术交流的据点等内容。另外，还以重建为契机，对京都北山地区的文化环境再次考量，旨在使之成为一个综合性文化中心。把京都府立大学北侧、植物园东侧、京都市音乐厅南侧、下鸭中通大道之间的空地作为建筑用地。在最初的计划中，将该地与府立大学之间的一块空地设计成广场，那里还设计了通往植物园和北山大道的入口，与行人散步道相连。整体设计工作结束时，我们采访了京都府知事，知事谈道：该地多彩的文化教育与创造活动要形成一个独一无二的文化空间，希望在这怡人的绿色中让我们的文化自由生长。

据说最先提出这个设想的是东京大学已故的北泽猛教授。笔者惊讶之余也感叹有人能继承他的遗志完成这个事情，真可谓一段美妙的缘分。竣工后，将该建筑取名为"京都府立京都学·历彩馆"，是一个综合性复合建筑。它集资料馆、府立大学文学部、府立大学附属图书馆、京都学中心四个建筑功能于一身。其中综合资料馆的展出、收藏能力都要提升一个高度，京都学中心一直致力于将京都1200年的历史、文化推向世界。我们提出了这样一个新的设计概念——以京都古香古色的城市风韵为基本，在保护历史风貌的前提下进行设计工作，旨在建造出只在京都领略到的京都风格的独特建筑。

多样活动的立体展开

项目刚起步时，负责这次项目的文化环境部、工程建设科、资料馆、大学图书馆、文学部一周举行一次大型例会，研究讨论不同场馆的功能特点，相互协调与合作，还将活动线、安保、雨水排水方案、广场、行人散步道等外部构成要素综合在一起，并进行考量。以保存古书和公文为主要功能的资料馆和以自治为主的大学图书馆，在项目推进过程中将二者进行一体化设计；另外为扩大对市民的开放程度，将原来功能完全不同的两个设施分为两层统一到一个场馆之中。我们花了很长时间去讨论该项目的安全性等问题，最终完成了一个比预想综合程度更高的建筑。

地下2层有收藏库房和机械设备，能将170万册的藏书、国宝、绘画摄影作品等不同领域资料进行分类。1层可以自由出入，有可容纳500人的讲堂、可展出国宝级藏品的画廊、研讨会室、咖啡角、自习室等京都学中心的众多场馆。2层同样可自由出入，资料馆和大学图书馆均设有书籍检测系统。3、4层是文学部的研究室、自习室和研究生的工作室。每层都有不同的功能，看似分散但由于南北并行的墙壁设计，与挑空空间交互连接，整个建筑看起来你中有我、我中有你。2、3层墙壁和连接桥相连，在1层仰视可看到在2层图书馆中学习的同学，也能看到在3层自习室、研究室中钻研的同学的身影。在图书馆阅读资料，还可以看到上一层文学部的情况，也能看到下一层京都学中心的文娱活动或是来来往往的人们。立体的综合性活动空间便是这个建筑最突出的特点。

以重建为契机建造的综合性复合建筑

项目的整体设计以窗扇形成分节的大屋顶和结构要素为基础。特别是在结构方面，地上部分以钢筋混凝土为主体，为了突出京都的独特之美，也考虑添加了一些细小的材料。另外，将柱子房梁抗震结构都设计在外部。特别是将柱子全部设计成250 mm见方的方柱，复杂的大型建筑通过精妙的设计看起来更加精致，形成一个轻快透亮的连续空间。在层级分明却相互连接的复合结构的连续空间中，蕴含了设计师的各种创意和智慧。巧妙地利用屋顶分节、交叉、错位来调节室内的光、热和空气。创意空间中凝练的京都之景呈现在眼前。同时期设计的龙谷大学和颜馆，是包含图书馆功能在内的复合建筑。其中举办的各种创造活动与建筑功能相互联系，将这种关系延伸到露台、楼梯等建筑外部空间。但是"历彩馆"在此基础上进一步设计，是一个结构更加复杂、水平和垂直交互的立体空间。随着资源整合型社会不断发展，在重新建造建筑的时候对结构以及功能的丰富性要求更高，与50年前建筑的单一性相比确实有很大的不同，这也正反映了我们的社会在不断地变化。以此为背景，新建筑的需求在数量上有所降低，但是多功能的综合性建筑多了起来，不仅如此，它带来的效率上的变化也令人期待。1988年，在长谷工财团的支持下进行了为期一年以"复合体的研究"为主题的居住环境研究。那时已经出现了公寓与图书馆、公寓与超市这类功能集合型建筑，这种类型的建筑需求或许已经成为一种趋势。不应该是简单的功能并列，而应该根据不同的组合方式创造出新的建筑范例。考虑建筑是将人们的美好期盼与愿景放到目之所及的空间里的系统，对新建筑的需求是建造设计综合性复合建筑的好机会，越是在公共空间，这种设计思考方式也越发重要。如何更好地发挥长期支撑社区活动的各类建筑的作用，对我们来说是一项大课题，同时也是我们作为建筑师的责任。

同时，对项目发起人的地方自治体来说，如何去经营这种前所未有的新型建筑也是值得思考的。这种新式综合建筑是有诸多优势的，而且在今后会不断引导和推动社会的发展，当下应该尽快完善这种管理运营体制造福社会。即使是"历彩馆"这样花了很长时间去统一商榷设计的新型公共空间，还是没有完全跳脱以前的固有印象。在这里希望各位建筑师们能重忆初心，重拾刚开始工作时的那种与团队攻克难关的状态。随时随地举办各种活动，这种热闹的景致正是城市的一大特点。

本项目的四个功能设施里举办的各种活动为城市带来活力，希望该建筑能充分发挥它的作用，促进人们对社会的存在方式、竞争与合作等要素的相互融合的思考，进一步推进综合建筑的发展和经营。

（翻译：程雪）

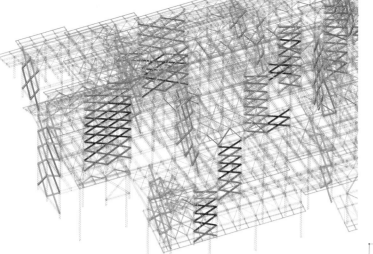

对细节贯穿整体和部分的思考

建筑物统一使用了250 mm见方的方柱、梁，还有分节的屋顶结构、网状防震钢丝护墙板等高度统一的结构，它们构成了建筑物的整体。同时由于不同部位组合方式的差异，几乎所有的钢筋组合细节部分都是不同的。为了能更加清晰地把握整体与部分之间的关系，将整体分块对其再考量是必须的。在讨论研究数据庞大的施工详图的过程中，通过虚拟模型照片与草稿设计图的重合对照，把握整体结构的同时力求将细节部分做到完美。在与装饰材料的配合度、呈现方法等方面也在不断进行思考和调整。不仅在工作室中交流工程进度与调整方案，也与施工人员、项目发起人实时对话，推动项目顺利进行。

（渡边文隆/饭田善彦建筑工房）

结构三维图：为了同时保证结构的合理性与艺术美感，决定使用钢网结构。特别是纵向网以H型钢为弱轴，由此形成的斜的格子状钢网别具设计感

上两图：与模型重合的草图/左下：现场办公室的比例为1:50的模型。实际光照线路等也用模型进行验证/右下：窗和檐原尺寸模型

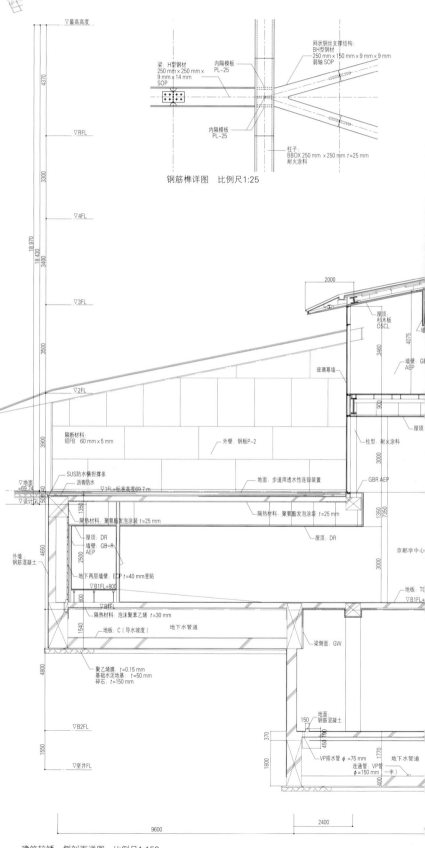

钢筋榫详图　比例尺1:25

建筑较矮一侧剖面详图　比例尺1:150

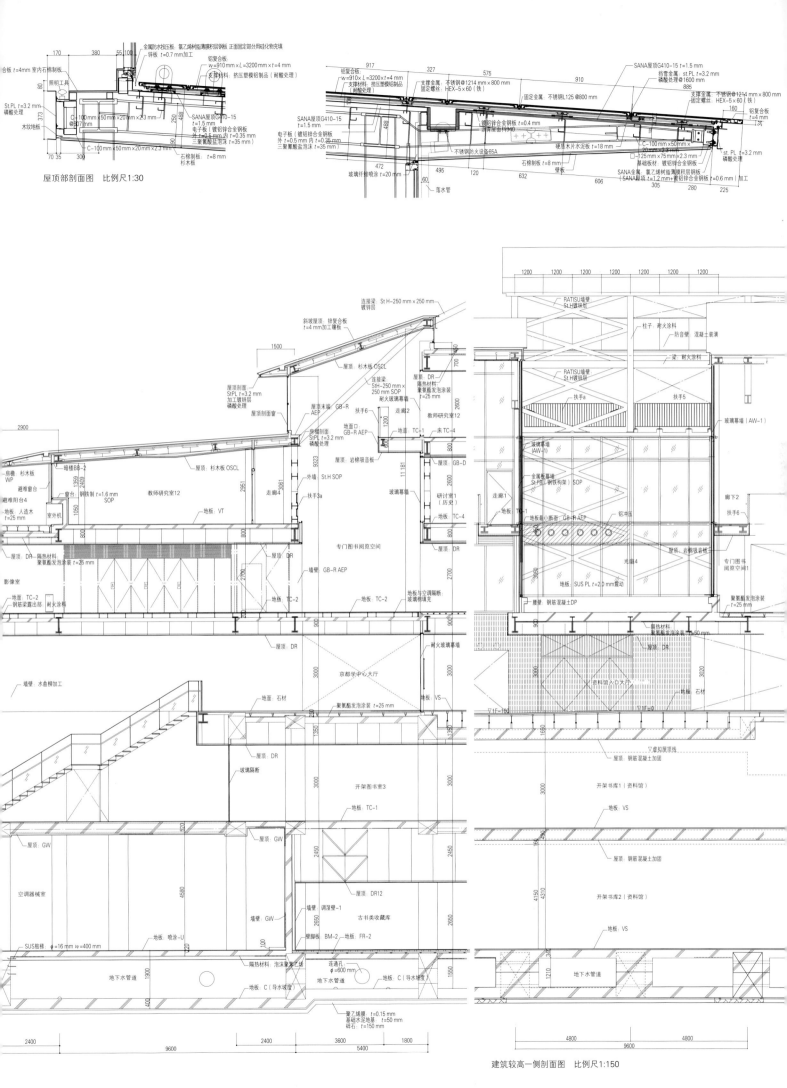

屋顶部剖面图　比例尺1:30

建筑较高一侧剖面图　比例尺1:150

教养教育共同化设施"稻盛纪念会馆"

设计 安东直+木下卓哉+沼田典久/久米设计
施工 松村·中川·平和特定建设工程企业联营体
所在地 京都府京都市左京区
INAMORI HALL, LIBERAL ARTS AND SCIENCE BUILDING
architects: KUME SEKKEI

东北方向视角。为了能够一起上教养教育课程，京都工艺纤维大学、京都府立大学、京都府立医科大学共同建立了该校舍。该项目对建筑灵活性的要求极高。因为柱子全部在外部搭建，地面采用PCaPC地板梁（以下简称ST板，PCaPC指预制混凝土与预应力混凝土的拼装结构），所以没有柱子、大梁、小梁、天花板，由此构建出跨度超过14 m的大型空间。200 mm×800 mm的PCaPC柱子使东西面的建筑外观呈现出阴影

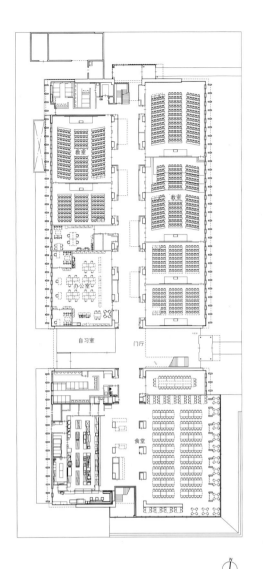

1层平面图　比例尺 1:800

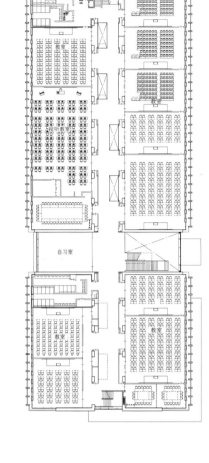

2层平面图

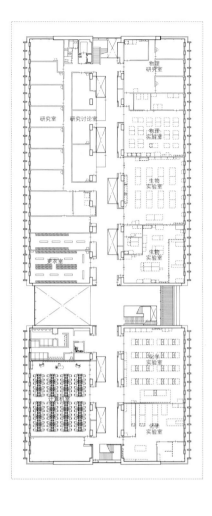

3层平面图

试点的灵活性

　　日本升入大学的人数越来越少。最近，各大学为了招收优秀的学生，做出了很多努力。京都府从2014年开始就在该设施里开设了京都工艺纤维大学、京都府立大学、京都府立医科大学合作的教养教育课程。目标是通过增大课程的选择范围，增加学生的学习热情以及跨越各个大学，构筑广泛的人际关系，增加大学魅力。

　　在极速发展变化的时代里，这种教养教育共同化是日本全国的首次尝试，非常需要这种灵活性高的建筑。另外，用地临近京都府立植物园，这片自然富饶的"北山文化环境地带"南北方向为细长

区域，而建筑东西外墙壁设计得比较宽，这是考虑了控制东西方向太阳的照射等因素，力求创造出舒适环境。

　　我们把窗户周围的柱子建在了外部，地面使用了ST板。没有柱子、大梁、小梁、天花板，建造了跨度超过14 m的大空间，将来能够随意变更隔断，灵活应对各种情况。框架是钢筋混凝土和PCaPC的躯干，充分利用混凝土的质感，保留原始风貌，给框架和个性化平面布局赋予了特征，营造出良好视觉效果。特别是200 mm×800 mm的PCaPC外部化框架细柱沿着南北方向的外墙壁等间距排列，和最高层搭建的深度为一丈的PCaPC

房檐一起遮蔽阳光的照射，营造细腻而有深度的设计感，勾勒出和京都街道融为一体的景象。

　　建筑中央有条贯穿南北的长走廊，在合适的位置设计了通风处和玻璃装饰墙，确保垂直、水平方向不会阻挡视线，促进学生和教师的交流。这条长走廊的通风处有自然换气和采光的功能，由ECOVOID（遮音性良好、经济环保新型楼板）建成。除此之外，还使用了太阳能发电、充分利用雨水井水、地板式送风空调等环保手段，旨在减轻环境负荷，建设可持续发展的校园。

（沼田典酒/久米设计）

（翻译：迟旭）

从南侧观看的侧视图。除了抗震壁之外都是玻璃墙面

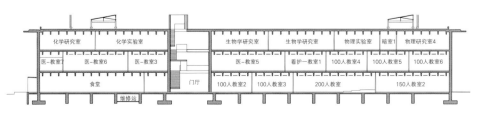

平面图　比例尺1:800

无柱空间构成跨度14 m的2层西侧教室。在教室里可以看到京都
府立植物园的绿植。外部露出ST板，窗户的间距为3.6 m，中间
可以自然通风

设计：久米设计
施工：建筑：松村・中川・平和特定建设工程企业联营体
　　　机械：新日本空调・影近特定建设工程企业联营体
　　　电力：八千代・关西特定建设工程企业联营体
　　　电梯：日本电梯制造
用地面积：117 023.86 m²
建筑面积：3811.044 m²
使用面积：9088.736 m²
层数：地上3层
结构：钢筋混凝土结构　一部分为PCaPC结构
工期：2012年10月—2014年6月
摄影：日本新建筑社摄影部（特别标注除外）
（项目说明详见第158页）

3层通风处门厅视角。里面面向植物园设有自习室。楼梯是轻便悬空的桁架结构，学生可由此前往上下层的大走廊

门厅视角。穿过人行横道便是京都府立京都学·历彩馆

建筑中央贯穿南北的2层长走廊视角。在走廊设立3层高的挑空空间，确保垂直、水平方向的视线畅通，促进了交流。ECOVOID发挥了自然换气和自然采光的作用。面朝走廊的是密集的设备空间

左：外围细柱内部化的食堂休闲座位位/中：3层的生物实验室。ST板作为导管间隔来使用/右：3层的研究讨论室。沿着ECOVOID设置中庭，确保研究讨论室的采光

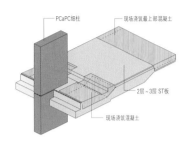

PCaPC细柱和ST板接合部分的轴测图

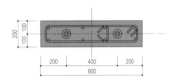

PCaPC细柱剖面图　比例尺 1:30

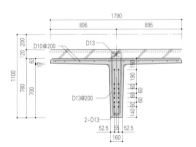

ST板剖面图　比例尺1:50

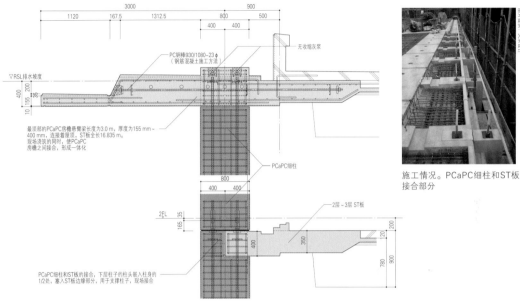

施工情况。PCaPC细柱和ST板接合部分

PCaPC细柱·ST板架构剖面详图　比例尺1:60

PCaPC的细腻开放结构

结构的主要材料是高品质、非常耐用的PCaPC构件，沿着长走廊没有搭建柱子和梁，这样能够开阔视野，现场浇筑扁平柱梁结构。该框架结构和门厅、侧面墙都安装了厚度为500 mm～700 mm的抗震壁。地震时能够承受巨大的水平力。外围部分200 mm×800 mm的PCaPC细柱只用于承担负荷，架构的自由度很高。

教室·研究室的ST板跨距为14.475 m，PCaPC细柱间的距离为1.8 m。考虑外部装修的协调及天花板·设备规划，ST板的边缘去除了T形拱肋，剖面为1800 mm×300 mm。同PCaPC细柱接合时，下层柱的柱头部分要嵌入柱身1/2处，把ST板塞入其中，现场接合用于支撑柱子，同时，把房檐沿着悬臂梁方向现场进行PCaPC板压接接合，形成一体化。

PCaPC房檐和细柱框架提高了建筑·设备的自由程度，这是细腻开放的京都风格结构。

（奥野亲政/久米设计）

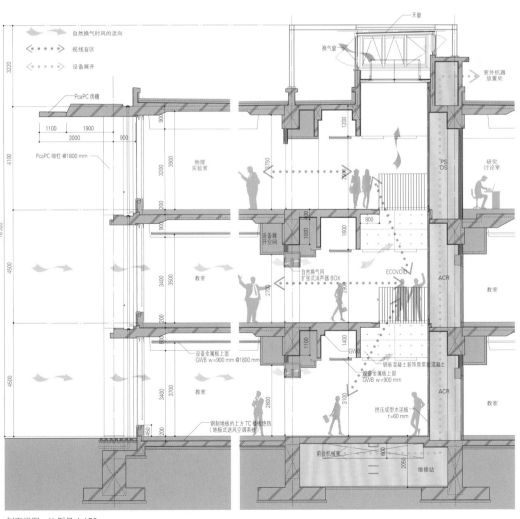

剖面详图　比例尺 1:150

京都女子大学图书馆

设计　佐藤综合计划
设计监理　安田工作室
施工　鹿岛建设
所在地　京都府京都市东山区
KYOTO WOMEN'S UNIVERSITY LIBRARY
architects: AXS SATOW　YASUDA ATLIER

从1层仰视"智慧之仓"。京都女子大学校内图书馆的新建计划。该计划包括增建"智慧之仓"和"交流之地"。"智慧之仓"内设有约30万册藏书的自由阅览书架。"交流之地"兼具学习·公共区和咖啡区。由于这两个拥有不同功能的建筑沿着地形而建,所以在校园内形成了新的动线——"京女坡"

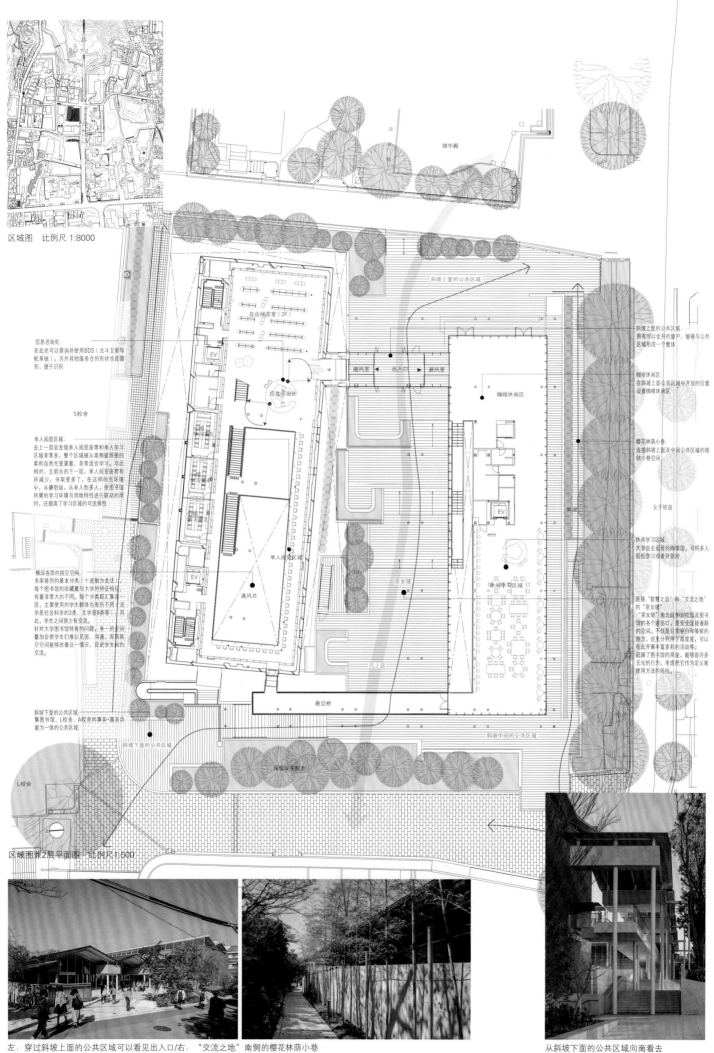

区域图 比例尺 1:8000

信息咨询处
在此处可以查询并使用BDS（北斗卫星导航系统）。另外其他服务台的形状也是圆形，便于识别

S校舍

单人阅览区域：
去上一层会发现单人阅览座席和单人学习区域非常多，整个区域被从高侧窗照射的柔和自然光笔罩着，非常适合学习。与此相对，主前台的下一层，单人阅览席有所减少，书架变多了，在这样的光环境中，从静到闹，从单人到多人，使图书馆所需的学习环境与用地特性进行联动的同时，还提高了学习区域的可选择性

横段各层的挑空空间：
书架排列的基本方法（十进制分类法），每个图书馆的收藏量与大学的特征相应，有非常大的不同。每个分类都汇集到一层，主要使用的社会群体也有所不同（法学是社会科学的3类、文字是8类等）。因此，学生之间很少有交流。
针对大学图书馆特有的问题，单一的空间叠加会使学生们难以见面、沟通，而依靠挑空空间能够改善这一情况，促进学生之间的交流。

斜坡下面的公共区域：
集图书馆、L校舍、A校舍的事务·服务功能为一体的公共区域

L校舍

区域图兼2层平面图 比例尺 1:500

自由阅览室（2F）

信息咨询处

单人阅览区域

通风处

斜坡上面的公共区域

避风室 出入口 避风室

咖啡休闲区

京女坡

休闲学习区域

悬空桥

保留现存树木

风之路

斜坡中间的公共区域

斜坡上面的公共区域：
拥有可以全开的窗户，能够与公共区域形成一个整体

咖啡休闲区：
在斜坡上面公共区域中开放的位置设置咖啡休闲区

樱花林荫小巷：
连接斜坡上面及中间公共区域的坡状小巷空间

女子坡道

休闲学习区域：
大学自主营者的咖啡馆，可供多人轻松学习或者开展对谈

连接"智慧之合"和"交流之地"的"京女坡"
"京女坡"南北延伸到校园及图书馆的各个进出口，是安全连接通路的空间。不仅是日常穿行和等候的地方，还充分利用了高度差，可以在此开展丰富多彩的活动等。
超越了图书馆的用途，能够容纳许多元化的行为，考虑把它作为定义新使用方法的场所。

左：穿过斜坡上面的公共区域可以看见出入口/右："交流之地"南侧的樱花林荫小巷

从斜坡下面的公共区域向南看去

东南方向俯瞰图。在"京都女子大学图书馆"的东南侧和北侧建设教学楼，"京女坡"成为学生的主要线路。"智慧之仓（右侧）"的轴线上有京都最大的寺院——西本愿寺

"交流之地"西侧的傍晚景色。1层是交流·展示区域。和斜坡上面的公共区域紧密相连的2层是咖啡馆，有休闲学习区域

京都女子大学校园重组，知识的象征："坡、仓、地"

从离京都站非常近的东山七条前往丰国庙需要走段坡道，这条坡道俗称为"女子坡道"，位于京都女子大学校园中心。春天的时候，樱花林荫路非常漂亮，道路的东西方向是新图书馆的用地。用地受景观保护地区的高度限制，北侧是和周围校舍一样高的中层地带，而南侧道路的附近则是低层地带。考虑占地面积和图书馆方案，在北侧建设了地上4层的"智慧之仓"，在南侧建设了地上2层的"交流之地"，并将两个建筑组合在了一起，学生们可以从中间的"京女坡"穿过。在女子坡道的南侧集中建设了大学的主要教学楼。在午休等时间，去学习的学生们穿过图书馆用地，抵达有食堂和小卖店等的校园中心地带。穿过该图书馆用地的线路成为整体校园的主要动线。由于用地在东西方向存在7m的高度差，所以内部空间也是跃层式的，各处都是依照用地情况而设计的。在低层地带的"交流之地"，学生们不仅可以和朋友、家人进行交流，还可以边喝茶边看书，还能够听到特邀讲师的演讲。图书馆拥有限制高度和容积的山形屋顶，与周围的住房、商店景观融合在一起。另外，"智慧之仓"有着日本风格仓库的外形。像法国国家图书馆黎塞留馆和圣·热那维埃夫图书馆一样，屋顶由细长的柱廊支撑，阳光从天窗射入，这是一种古典图书馆的继承。低层地带的山形屋顶和上下反转成V字形的天花板PC镶板形成了反射板，阳光通过通风处柔和地洒落下来。由于注重使用者的安全性，所以反射板比较厚重。而且，中间还采用了减震材料，确保了合理的结构尺寸。为了让学生能够边感受天学生活边学习，面向通风处放置了又长又大的桌子。京都女子大学是一个大家庭，图书馆整体空间也是这样的氛围。墙面上的书架极力限制了层高，图书馆书架层高的基本模数是900 mm×350 mm（1个书架40册书），从楼板厚度、开口处到外墙壁瓷砖的相关比例全部使用了该模数，开口的窗台还充当了小书桌。考虑与中庭之间的联系，在各处都散布着开口处，从这些开口处可以观测外面的天气情况。墙面上的书架和外墙壁间还确保了空气层，这个空气层与从送风管出来的空气形成了对流，防止了结露现象，提高了环境功能。期待新图书馆优质丰富的内外空间能够成为学生们的"智慧象征"。

（安田幸一/安田工作室）

（翻译：迟旭）

该图是"京女坡"，高度差为7 m

设计：建筑：佐藤综合计划
　　　设计监理：安田工作室
　　　结构：金箱构造设计事务所
　　　设备：佐藤综合计划　LANDSCAPE
　　　LANDSCAPE.PLUS
施工：鹿岛建设
用地面积：12 455.86 m²
建筑面积：2572.25 m²
使用面积：8196.50 m²
层数：地下2层　地上4层
结构：钢筋混凝土结构　钢架结构　一部分为减震结构
工期：2015年1月—2017年2月
摄影：日本新建筑社摄影部
［项目说明详见第158页］

上："智慧之仓"1层的自由阅览室/下："交流之地"1层的多媒体公共区域

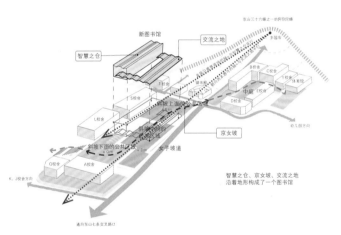

构成图

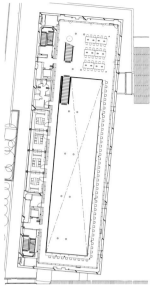

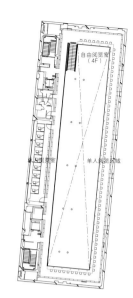

3层平面图　　　　　　　　　　　　4层平面图

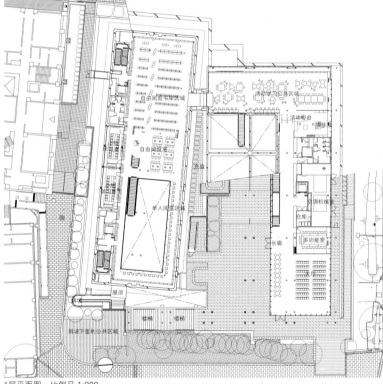

1层平面图　比例尺 1:800

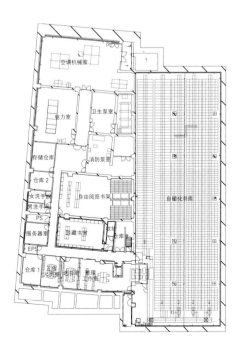

地下2层平面图

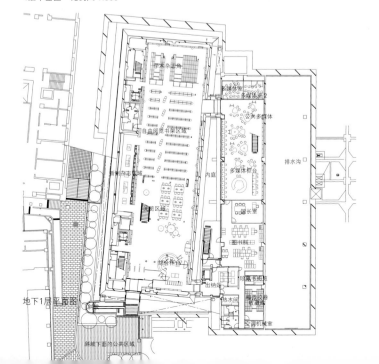

地下1层平面图

"交流之地" 2层的休闲学习区域，与斜坡上面的公共区域紧密相连。天花板最高高度为4750 mm，四周都是玻璃墙，为开放性空间，能够把周围的景观和绿植尽收眼底

大学图书馆的新形式

在当今社会中，各种各样的关联产生出了新的价值，大学也不只是学术的世界，如果不能和社会、城市、产业、文化等广阔领域有所关联的话，就很难在这个时代经营下去。与此同时，大学追求多样性的学习方式，曾经是"个人学习场所"的图书馆也变成了"多人学习场所"，兼具学习、公共区是现代大学图书馆的标准。京都女子大学图书馆应该更加进一步地扩展大学与城市的关系，朝着能够带来自由关联的学习环境发展。图书馆新的空间设计试着体现了促进自发学习、能动学习的概念。京都既是观光旅游城市，又是代表日本的大学城市。这座城市包容接纳了众多人文，用地选址在和京都街道自然融合的地方，该地点规划考虑地形、学生的动线、景观的变化、水与空气的流动等，注重各种各样的流线。无论哪条流线都是无法截断的，旨在打造具有韵律感线条的建筑。由于有灵活容纳"流线"的多个通道，所以产生了新场所中的"关联"。使该大学图书馆成为激发灵感促进交流的地方。而且，由于出入口（数量）明确地限制了边界，所以与"保管人和物（书籍、资料）的自由阅览书库"构成的现有图书馆划清了界线，彰显了大学图书馆的新形式。在企划案中，对委托人的要求（30万册的自由阅览室+京女公共区域），在通风处空间的两侧布置了两个建筑要素，尝试打造舒适

的空间。同时，地形和地面高度形成连动，无论从哪层都能够形成自然的通路。"层"这个建筑概念随之消失，诞生了新的"地形"。而且，"智慧之仓"和"交流之地"在该特征上形成了鲜明对比，是具有疏密之分的交流空间。设计上追求建筑建设的"间距"，也就是距离感。既静（静态的）和动（动态的）之间的距离，也是公（公共的）和私（个人的）之间的距离。这样做是为了促进能动学习，是"从不见到可见"关系性中的点睛之笔。

在这个意义上，京都街道就做得非常好。像门帘、格子门窗、狗栅栏这样的细小之处构成了一个个"间距"，这样的空间设计能够让生活更加美好。新图书馆在设计上也模仿了京都街道。比如：像"鸭川的堤"这种能够舒适坐着的、面向通风处的无间隙柜台，像"河床"这种重叠的公共空间，还有像是"城市区划"一样检索性非常高的墙面书架等，这些都是京都街道结构的临摹。旨在将它打造成和这个地方相协调，展现学习"光景"的建筑。这些崭新的尝试通过和学校的紧密合作得以实现。在面向斜坡上面公共区域的出入口处，建设了学生自主参与经营策划的咖啡馆，在此迎接着每位来图书馆的人。

（渡边猛/佐藤综合计划）

从"交流之地"2层看向交流·展示区域

"智慧之仓"内观。四周的墙壁被书架所覆盖，各层呈阶梯状，用于收藏图书，打造出能够感受藏书量的空间。此外，设有多个开口处，这样可以使阳光射入

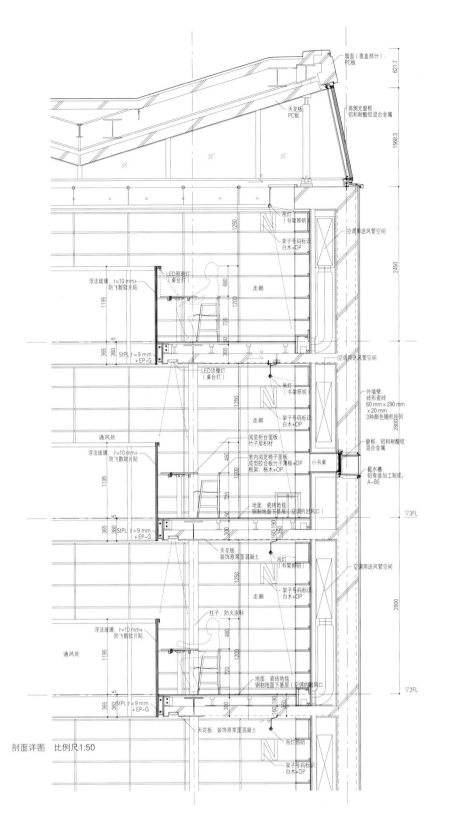

墙面（垂直部分）：
PC板

天花板
PC板

高侧光窗框：
铝和耐酸铝混合金属

空调用送风管空间

吊灯
（书架照明）

架子号码标识
白木+OP

浮法玻璃 t=10 mm+
防飞散软片贴

LED照明灯
（桌台灯）

走廊

浮法玻璃 t=10 mm+
防飞散软片贴

StPL t=9 mm
+EP-G

空调用送风管空间

LED顶棚灯
（桌台灯）

吊灯
（书架照明）

架子号码标识
白木+OP

走廊

通风处

阅览柜台面板
竹子层积材

室内阅览椅子面板
成型胶合板竹子薄板+OP
框架：栎木+OP

小书桌

外墙壁：
砖形瓷砖
60 mm×290 mm
×20 mm
3种颜色随机排列

窗框：铝和耐酸铝
混合金属

截水槽
铝弯曲加工制成，
A-BE

地面：瓷砖地毯
钢制地面下基层（空调的出风口）

浮法玻璃 t=10 mm+
防飞散软片贴

StPL t=9 mm
+EP-G

▽3FL

天花板
装饰原浆面混凝土

吊灯
（书架照明）

空调用送风管空间

架子号码标识
白木+OP

走廊

柱子：防火涂料

浮法玻璃 t=10 mm+
防飞散软片贴

通风处

StPL t=9 mm
+EP-G

地面：瓷砖地毯
钢制地面下基层（空调的出风口）

▽2FL

天花板：装饰原浆面混凝土

吊灯照明

架子号码标识
白木+OP

剖面详图　比例尺1:50

上："智慧之仓"内观。桌椅面向通风口摆放
下：从"智慧之仓"1层仰视。12根直径为318.5 mm的
柱子支撑起两个屋顶，阳光透过两个屋顶间的缝隙洒落下
来。1层设有信息咨询处

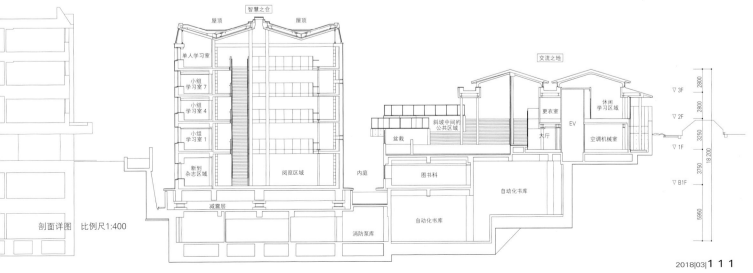

智慧之仓

屋顶　屋顶

单人学习室

小组
学习室7

小组
学习室4

小组
学习室1

新到
杂志区域

阅览区域

内庭

减震层

自动化书库

自动化书库

消防泵库

交流之地

更衣室

斜坡中间的
公共区域

盆栽

大厅

EV

休闲
学习区域

空调机械室

▽3F

▽2F

▽1F

▽B1F

2800

2800

3250

3750

5950

18 200

图书科

剖面详图　比例尺1:400

东京站丸之内站前广场改造

设计　东京站丸之内广场改造设计企业联营体（JR东日本咨询公司·JR东日本建筑设计事务所）
施工　鹿岛建设
所在地　东京都千代田区
TOKYO STATION MARUNOUCHI STATION SQUARE
architects: JR EAST CONSULTANTS COMPANY + JR EAST DESIGN CORPORATION

西南方向视角。东京站丸之内站前广场改造工程，是东京都政府和东日本旅客铁路公司合作开发的项目。站前广场改造不仅拓展了交通功能，还使复原的丸之内车站与行幸街等周边地区融为一体。在场地的中央修建了行人专属空间——"丸之内中央广场"，南北方向被规划为"交通广场"

东京的门面

东京站丸之内站前广场，设计风格独特，堪称首都东京的门面。为了确保车站所需的交通枢纽功能，将东京站至皇居地区建设成了一体化的城市空间。该改造项目由东京都政府与JR东日本公司等相关单位合作完成。

随着日本社会经济形势的变化，首都东京市中心的再开发时机逐渐成熟。在此背景下，计划在东京站周边的丸之内地区，复原红砖瓦建筑——东京丸之内车站，并改建东京站前广场。2001年"东京站周边地区再开发研究委员会"（委员长：伊藤滋，时任早稻田大学教授）提出了东京站周边地区的建设方案。具体目标包括：打造堪称首都东京门面的车站景观，建设成与国际都市东京中心车站匹配的交通枢纽，政府与公民合作推进城市基础设施建设、激发市中心活力。另外，2002年制定并修改了城市规划，决定将丸之内站前广场改建为集"城市规划道路、交通广场、地区设施"为一体的行人专用广场。

2004年召开"东京站丸之内周边整体设计讨论会议"，会上围绕东京丸之内车站、交通广场、都市广场（丸之内中央广场）、行幸街、周边建筑物等做了相关报告。提出了"打造独具特色的首都东京门面"的设计理念。在此基础上，于2005年召开了"东京站丸之内周边整体设计跟踪会议"。会上多位工程负责人就一体化景观设计观点进行了探讨，最终通过了整体设计方案。

整体设计方案主要包含四个方面，具体如下。

· 打造格调高雅的空间：确保宽敞的行人空间，通过种植榉树连接皇居方向的景观

· 尊重历史：铺设增添年代感的花岗岩

· 突出丸之内车站：丸之内车站由红砖瓦修砌而成。为了突出车站的风采，铺设草坪，改造换气塔

· 站在使用者的角度进行设计：制定暑热应对措施（洒水系统）等

（东日本旅客铁路公司）

（翻译：刘鑫）

新任外国驻日大使向天皇递交国书时乘坐的马车列队。广场改造完成后，东京站至皇居恢复了通行

Tokyo Station Hotel (东京站酒店) 总统套房视角。广场尽头与行幸街相连。该工程与东京都政府合作，重新规划了横贯广场中央的道路形状。通过重建广场外围、在中央修建"丸之内中央广场"，大幅扩大了行人区域。中央广场与皇居处于同一轴线上，在铺设地面及安装照明时，力求与行幸街设计保持一致

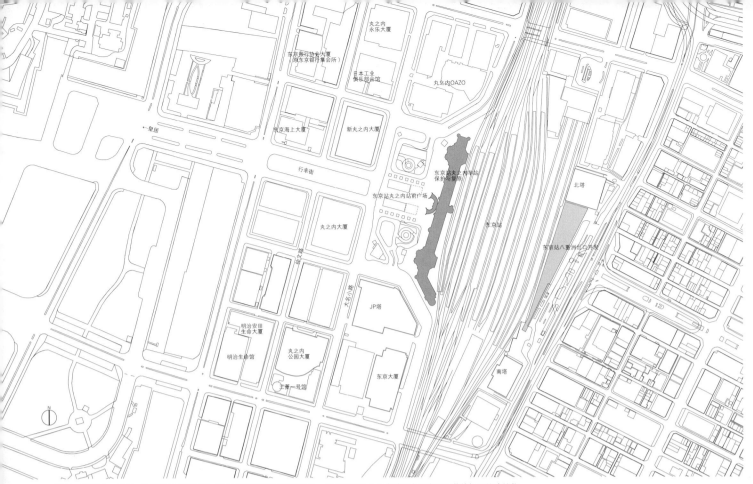

区域图　比例尺 1:7000　根据2000年施行的"特殊容积率适用区域制度"，将东京站丸之内车站的容积应用至蓝线标记的建筑物

留白

"拜托大家了！"城市计划负责人伊藤滋先生的发言，拉开了"东京站丸之内周边整体设计跟踪会议"（简称"设计会议"）的序幕。以下是筱原修先生的发言：从过去的车站及车站广场的建设中，我们可以得出经验，大规模空间设计质量的高低，取决于设计团队的人员编排。我们任用由内藤广、小野寺康、南云腾志等设计师组成的团队。其中内藤广负责建筑设计，小野寺康与南云腾志负责街道及室内用品设计。

从以前的照片可以看出，东京大地震后重建的行幸街建设得很好，但是丸之内广场却不尽如人意。东京站于1914年（大正三年）开始运营，不过当时的日本人或许还不太了解广场。从这一点来看，可以说此次重建后的站前广场，才是真正意义上的广场。正如大家所见，广场设得很美，在此我就不做多余的叙述了。我想谈几点我认真思考过的事情。

首先是行幸街两侧的树木。竣工时行幸街两侧种植的是银杏树。虽然没有什么不妥的地方，但是有点过于古板。园林设计师樋渡达也说过，银杏象征权威。行幸街在修建时打穿了江户城石墙，当时的政府可能考虑要彰显行幸街的威严，所以种植了银杏树。我虽然向东京都知事石原慎太郎先生提议在道旁种植山樱，这样日后还可以赏樱。但是，我的建议并未被采纳，最终仍然保留了银杏树。

其次是广场景观。因为始终模仿西方设计，毫无创意可言。而且日本古时有"丰苇原瑞穗国"的叫法，同东亚各国有着相同的文化基础，与西方国家存在明显差异。所以，我提议修建水田。春天水田流淌着潺潺流水，夏天郁郁葱葱，秋天换成金黄色的衣裳。但是，铃木博之先生反对该提案，他认为修建水田有点像在伦敦白金汉宫前修建牧场。结果最终未能修建水田。

（筱原修/东京大学名誉教授·东京站丸之内周边整体设计跟踪会议主席）

城市空间的设计开端

东京站丸之内站前广场及行幸街，是东京都景观行政规划的重点。东京都政府，对从皇居到车站的这片区域，实行了都内少有的景观管制。在东京都政府主办的委员会议（东京站丸之内周边整体设计跟踪会议）上，讨论经常陷入僵局。会议主席筱原先生在委员会议的基础上，领导开展了改造设计工作（东京站丸之内周边整体设计跟踪会议设计工作）。会上大家自由地讨论，最后将意见汇总。可以说，这些意见在实际施工中得到了应用。在讨论中大家可以畅所欲言，为了同一个目标，大家团结一心为重建出谋划策。改造设计工作采用自愿参加的方式。除了委员会的成员之外，JR东日本公司、大丸有城建协会、国土交通省、东京都、千代田区的相关人员都积极地参与了讨论。建筑设计（铃木博之、内藤广），城市规划（岸井隆幸），土木（筱原修、中井佑），景观设计（小野寺康），园艺（樋渡达也），智能设计（南云胜志），指示牌（JR东日本建筑设计事务所），丸之内站前广场改造计划讨论会中云集了各路专家，这种形式的讨论在日本并不多见。

之前，广场上有两个又高又大的换气塔。现在已经重建了，大家或许都忘记了。当时，为了保持广场整体的美感，想要把这两个换气塔设计得低一点。但是由于技术有限，最终没能实现。

JR东日本建筑设计事务所的技术人员，通过计算空气流动速率，设计出了合适的换气塔。这是我作为监管人员，唯一参与建筑物设计的部分。剩下的部分全部交由调整人员。因为车站前面的大顶棚是保护区，所以在此次广场改造中大顶棚未能重建。但是，希望在遥远的将来，大顶棚在重建时，能够设计得与此处景观相协调。

我参加竣工仪式时，与伊藤滋先生邻座。交谈中，他提到了容积率调整费了很大周折。但是能建成这样的广场，他感到十分欣慰。坐在我另一边的是辰野金吾先生的曾孙——建筑学家辰野智子先生。他也对广场的建成感慨万千。就在那段时间，铃木博之先生去世了。铃木博之先生为东京车站的保护和重建做出了巨大贡献。我非常希望他也能看到广场竣工时的样子。到如今，已经过去了13年。我经常会想起筱原先生和铃木先生围绕修建水田一事激烈讨论的场景。

（内藤广/东京大学名誉教授·东京站丸之内周边整体设计跟踪会议委员）

东侧视角。沿着通往皇居的轴线种植了榉树。将榉树的填土台四周修建成供人们休息的石凳

西南方向视角，丸之内中央广场景观。广场上的灯杆灯为了和行幸街的设计保持一致，重新进行了设计

北侧交通广场方向视角。重新设计了出租车和公共汽车停靠站

南侧视角，丸之内中央广场景观。草坪广场占地约1200 m²，在其右侧，设置了高约5 mm的洒水设施，以限制孩子使用，用以降低夏季地面的温度

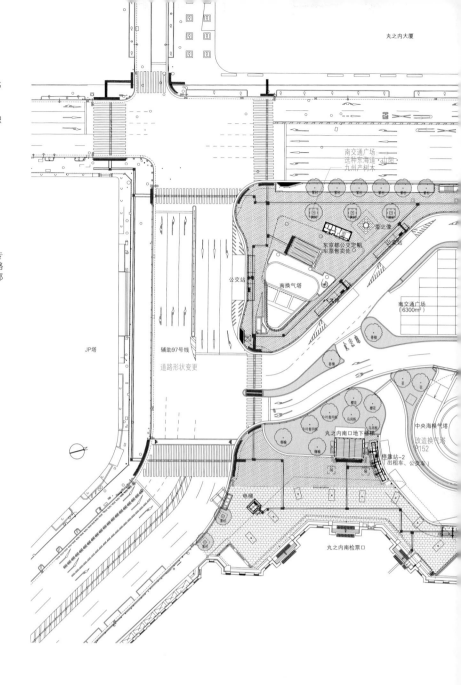

2000年5月	施行"特殊容积率适用区域制度"
2001年1月	东京站周边地区再开发研究委员会制作报告书（委员长：伊藤滋）
2002年5月	制定"大手町·丸之内·有乐町地区特殊容积率适用地区及指定标准"
2002年6月	决定"丸之内站前广场改造计划"城市规划
2004—2005年	东京站丸之内周边整体设计会议
2005年	制定"大手町·丸之内·有乐町地区城建指导准则"
2005年—	召开"东京站丸之内周边整体设计跟踪会议"（会长：东京大学名誉教授筱原修/成员：专家学者·东京都·千代田区·东日本旅客铁路公司·大丸有城建协会等/事务局：东京都都市建设局）
2012年10月	完成东京站丸之内车站保护·复原工程
2014年3月—	重新规划横贯广场中央的道路形状/做好广场施工现场保护工作

施工前

因施工原因，原先的公交车站转移到其他地方。

2014年3月
—2017年8月 　丸之内地下区域建设工程

①区的地下挖掘工作已经完成，开始建设地上广场部分。

2015年12月　南地下广场投入使用

②-1完成地下挖掘工作

2017年5月　（地上）丸之内中央广场投入使用

2017年12月　（地上）丸之内北交通广场投入使用

全部完成。交通功能集中于南北方向

保证东京站交通、车站机制正常运作的同时改造广场

站前广场在改造前，存在很多问题。例如，横贯广场内部的道路缺少行人专用道、公交车及出租车布局分散、无法发挥交通枢纽功能。另外，设计地下步行路线时还要考虑与周边环境相协调，这也是广场景观建设面临的重要课题。为此，通过调查广场交通流量，检验了广场功能。在广场外围新建交通线，同时将分散的交通枢纽功能及车站物流动线汇集到南北两个交通广场。改造后的丸之内站前广场占地约18 700 m^2。广场由设有机动车道的南北交通广场和行人专用的中央广场组成。步行空间十分广阔，占地约6500 m^2，连接了丸之内车站及皇居。施工时面临的最大问题是，要在保证东京站交通、车站机制正常运作的同时进行广场修建。所以将施工区域分为南部、中部、北部三个部分，花费了3年时间，共计5次，采用轮流施工的方式进行道路修建，保证了在整个施工期间内车站的正常运作。另外，为了早日投入使用，站前广场采用地下区域建设与地上工程同时进行的施工方法。

（东日本旅客铁路公司）

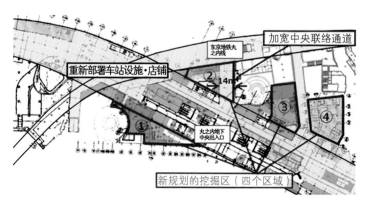

在站前广场的地下规划出新的挖掘区，开辟新的空间，同时对所有设施进行重新部署，包括之前的内外检票大厅

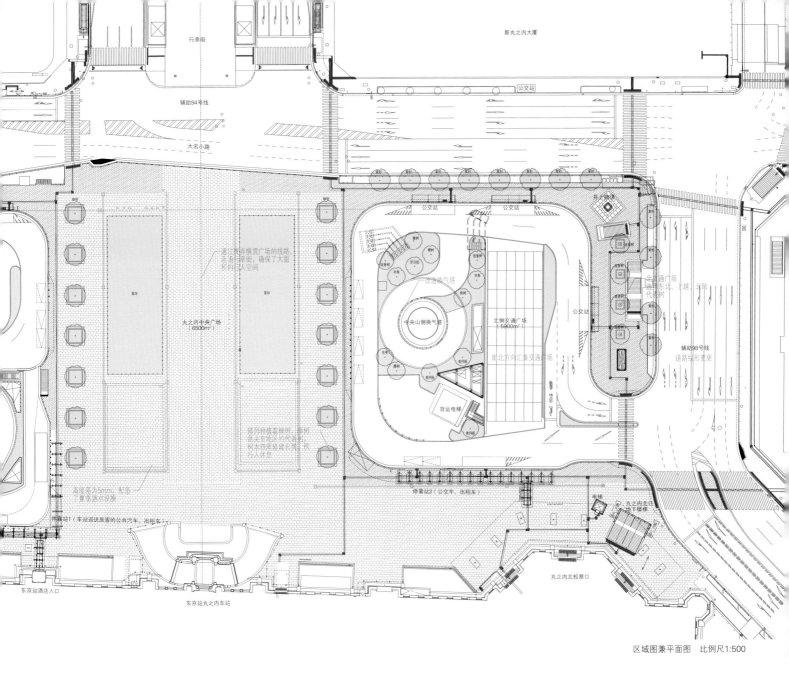

新丸之内大厦

公交站

行幸街

辅助94号线

大名小路

公交站   公交站

升降机

公交站

北侧交通广场

通过整体横贯广场的线路，连到幸街，确保了大面积的行人空间

改造换气塔

北侧交通广场
连接东北、上越、北陆代表树

中央山侧换气塔

北侧交通广场
（5900m²）

公交站

辅助98号线
道路线形变更

丸之内中央广场
（6500m²）

南北方向汇集交通广场

货运电梯

排列种植榉树，与榉树是关系地区化代表的树木四连接建成的休息

停靠站3（公交车、出租车）

电梯

丸之内北口
地下楼梯

厚度尺为5mm，市备冬季流水设施

停靠站1（车站迎送旅客的公共汽车、出租车）

东京站酒店入口

东京站丸之内车站

丸之内北检票口

区域图兼平面图　比例尺1:500

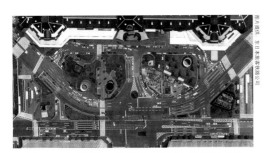

改建前的丸之内站前广场。道路横贯广场内部，缺少行人空间

地下中央联络通道从7m扩展到14m，东京地铁丸之内线与JR
丸之内地下中央出口相连

西侧丸之内站前广场俯瞰图（竣工后）

上：从南侧看向广场。为使总武·横须贺线东京地铁站的空气得以流通，在广场南北修建了换气塔。广场改造时也对换气塔进行改造/中：改造后的换气塔高度由13 m缩减到4 m，并被粉刷成灰色，顶上修建了3 m长的房檐。为保证地下空气的流通，在檐上和檐下分别安装了送气和排气设备。房檐用玻璃制成，阳光可透过玻璃照射到房檐下。考虑从酒店客房和周边办公大楼向下俯瞰，在换气塔与丸之内车站的平行方向安装了百叶窗/下：行幸街视角。改造前的换气塔

左下：铝制车站广场指示牌 /右下：为了看起来美观，用黄色花岗岩修砌盲道，侧边搭配了深黑色花岗岩，两种颜色亮度形成对比

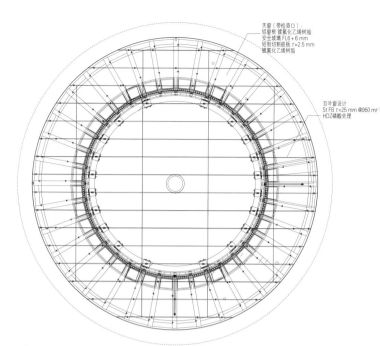

换气塔平面图　比例尺1:200

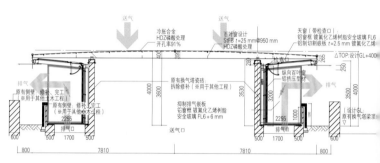

换气塔剖面图　比例尺1:200

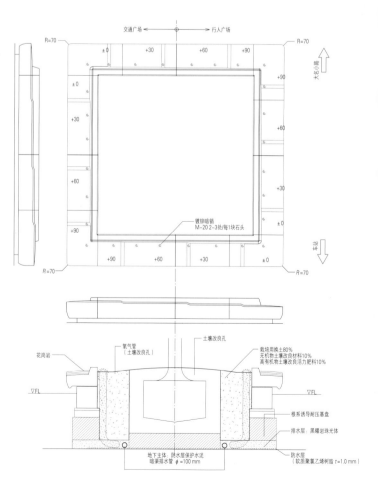

石凳详图　比例尺1:40

设计：东京站丸之内广场改造设计企业
联营体（JR东日本咨询公司·
JR东日本建筑设计事务所）
施工：鹿岛建设
委托方：东日本旅客铁路公司
用地面积：约18 700 m²
层数：地上1层
工期：2015年4月—2018年2月
摄影：日本新建筑社摄影部（特别标注
除外）
（项目说明详见第158页）

西南方向视角，中央广场夜景。尽头可以看到设有出租车、公
交车停靠站的北侧交通广场。站前广场为凸显夜晚丸之内车站
的风采，除了与榉树平行安装的照明灯采用直接照明外，其他
照明都采用间接照明方式

筑地本愿寺寺内建设 咨询中心·公墓

设计　三菱地所设计　永田康明+长泽辉明
施工　松井建设
所在地　东京都中央区
THE IMPROVEMENT OF TSUKIJI-HONGWANJI TEMPLE PRECINCTS, INFORMATION CENTER GOUDOUBO
architects: MITSUBISHI JISHO SEKKEI

西南方向俯瞰图。筑地本愿寺正殿前的区域，曾是一处历经多次翻修的停车场。筑地本愿寺重建项目以"开放性寺院"为建筑理念，将停车场重建为能够聚会休息的广场。新建公墓项目包括发布寺内信息、供人们休息的"咨询中心"，以及祭祀礼堂和地下灵堂

俯瞰图。广场设计参照原正殿设计图纸，在此基础上修建通往正殿的参道（神社寺院中用于行人参拜观光的道路）和草坪广场

打造开放性寺院

筑地本愿寺是净土真宗本愿寺派的直辖寺院，主要管辖关东地区。前身是本愿寺江户御坊，截至2007年已有400年历史。寺院一直以来是人们寄托心灵的场所，该项目是寺院现代化转型的一环。继承传统的同时，采用创新设计，旨在打造一座开放性寺院。

超老龄化、小家庭化、单亲家庭增多等社会问题，引起了人们的忧虑和不安。寺院希望今后可以发挥积极作用，通过倾听人们的心声，为人们排解烦恼，帮助他们规划安稳的人生。该项目新建咨询中心用于发布寺内信息，是人们交流的场所。同时还新建了不限宗教宗派的公墓，为人们提供"死前准备"（死后墓碑、墓地等）的一站式服务，满足施主的要求。重建计划旨在彰显寺院价值。现在的正殿是关东大地震（1934年）后重建的，是一个集各种机能为一体的宏大建筑，并在前面留出了空地。这不仅是为了修建衬托正殿庄严的参道，还为了承担市区防灾方面的责任。之后这里被改建为停车场。在此次重建中，为方便参拜者，新建参道和广场，又在四周修建了各种设施和庭院。寺院正在向"开放性寺院"转变。为了适应城市的变迁，新开通了面向"筑地车站"和"筑地场外市场"的两扇大门，希望以此吸引更多的参拜者。

每个建筑都秉承佛教建筑的样式，遵循正殿创建时的设计理念，建造得美轮美奂。咨询中心是连接参拜者与寺院的"大门"。在面向广场的开阔空地上，新建向导区、展示区和咖啡厅，在这里人们能够像在寺院外廊那样放松休息。在公墓中央修建佛塔礼堂，正下方配备灵堂。来佛塔参拜的人，从右侧回廊进入堂内，就会看到位于佛像头顶的天窗，从那里可以眺望到正殿。参拜处被阳光包围，正对佛像和正殿。

（长泽辉明/三菱地所设计）

（翻译：刘鑫）

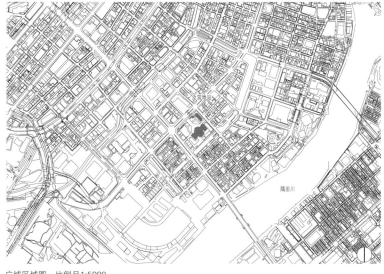

广域区域图　比例尺1:5000

西南方向视角。咨询中心是连接参拜者和寺院的"大门"。这里可以顺路去咖啡厅和官方商店

上：西侧新建大门。将之前位于院中的亲鸾圣人像转移到此处。迎接参拜者的到来/下：北侧新建大门。直通筑地地铁站

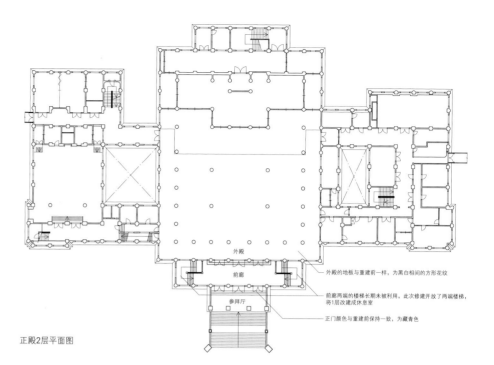

正殿2层平面图

外殿的地板与重建前一样，为黑白相间的方形花纹

前廊两端的楼梯长期未被利用，此次修建开放了两端楼梯，将1层改建成休息室

正门颜色与重建前保持一致，为藏青色

外殿

前廊

参拜厅

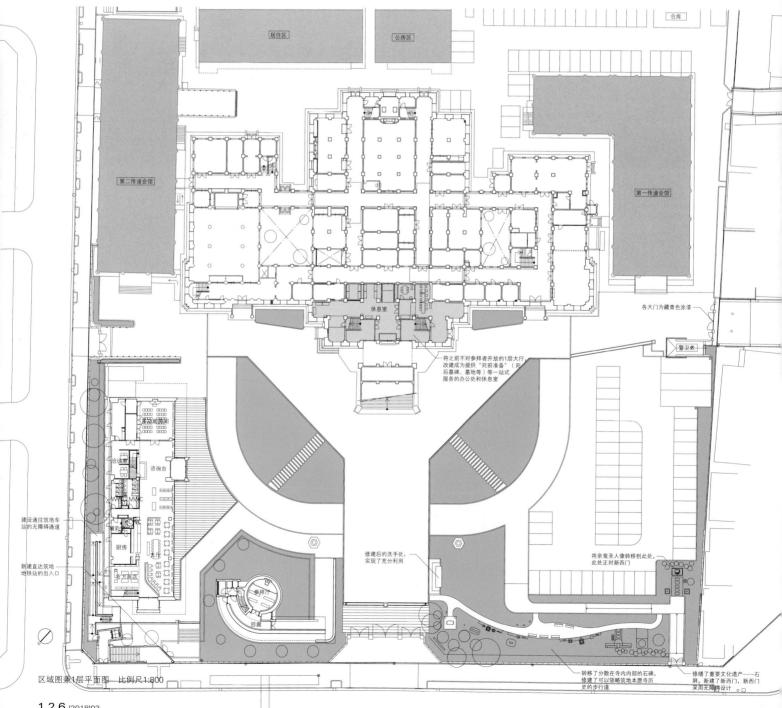

区域图兼1层平面图　比例尺1:800

仓库

居住区

公房区

第二传道会馆

第一传道会馆

休息室

各大门为藏青色涂漆

将之前不对参拜者开放的1层大厅改建成为提供"死前准备"（死后墓碑、墓地等）等一站式服务的办公处和休息室

建设通往筑地车站的无障碍通道

新建直达筑地地铁站的出入口

参拜门

回廊

修建后的洗手处，实现了充分利用

将亲鸾圣人像转移到此处，此处正对新西门

转移了分散在寺内内部的石碑，修建了可以领略筑地本愿寺历史的步行道

修缮了重要文化遗产——石屏。新建了新西门，新西门采用无障碍设计

左上：正殿正门。通过科技还原创建时的涂漆颜色。重新粉刷时，采用相同颜色的涂料/右上：外殿。地板采用与修建前一样的市松花纹（黑白相间的方形花纹）/右下：1层休息室。将之前不对参拜者开放的1层大厅，改建成提供"死前准备"（死后墓碑、墓地等）等一站式服务的办公处和休息室/左下：开放长期未被使用的前廊两侧的楼梯，以此增设通向1层的通道

1963年筑地本愿寺附近景观航拍图

再现伊东忠太博士的原始设计

筑地本愿寺正殿的设计师为建筑史学家——伊东忠太博士。设计时借鉴了印度古代佛教建筑特点，外观独具一格。该重建项目总结了之前的翻修经验，决定回归到创建初期的建筑样式。正殿的主楼被设计成2层，参拜者可从正面中央的大阶梯进入正殿参拜，并通过前廊到达内阵和外阵（寺院等位于正殿内外侧，供人坐拜的地方）。前廊的两侧是楼梯，这里被称为伊东忠太设计中的"点睛之笔"。但是，由于过去1层的正厅用于其他用途，阶梯没有发挥其重要作用。在此次重建中，1层被改建为休息室，并向参拜者开放。所以连接内外阵和休息室的阶梯得到了利用。原有的参拜厅大门颜色及外阵地板在设计上独具匠心，此次重建也对其进行了成分分析和记录调查，力求再现当时的风采。

（长泽辉明/三菱地所设计）

咨询中心内观。咨询中心高3.9 m，与正殿1层高度持平，天花板和房檐相连，与整个寺院融为一体

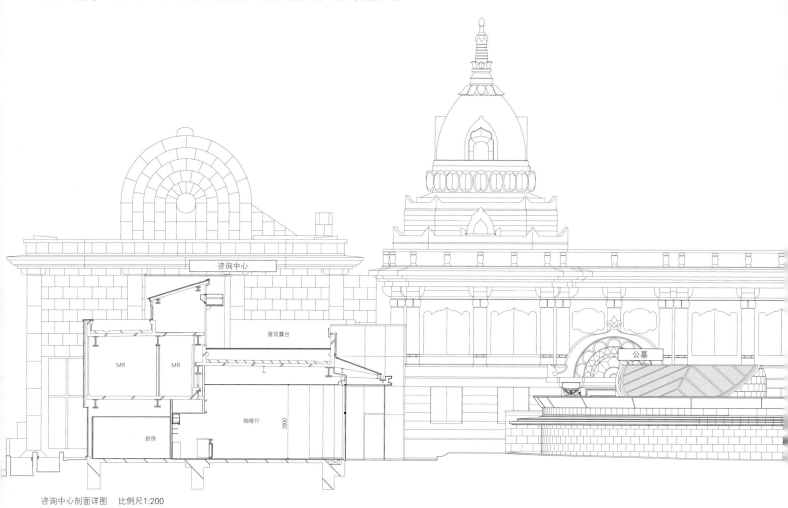

咨询中心剖面详图　比例尺1:200

设计：三菱地所设计
施工：松井设计
用地面积：19 526.61 m²
建筑面积：6842.37 m²
使用面积：14 802.25 m²
咨询中心
层数：地上2层　阁楼1层
结构：钢筋结构　一部分为钢筋混凝土结构
公墓
层数：地下1层　地上1层
结构：钢筋混凝土结构　一部分为钢筋结构
工期：2016年12月—2017年10月
摄影：日本新建筑社摄影部（特别标注除外）
（项目说明详见第160页）

左上：从咨询中心看向正殿。坐在咖啡厅的椅子上看向正殿，玻璃窗格不会遮挡视线/下：咨询中心内的多功能室

左上：公墓外部走廊。墙上雕刻着收容在地下灵堂的人员名单/左下：公墓外观。外墙用花岗岩修砌而成，与正殿墙壁颜色交相呼应/右：公墓礼堂。从天窗可以看到正殿的穹顶

Grand Mall 公园重建

设计　三菱地所设计／植田直树＋津久井敦士
施工　SAKATA Seed・田口园艺JV（景观设施等第1期）　滨田园（园地整备第1・2期）・AraigreenJV（同第1期）・泰山园JV・横滨植木（同第2期）
　　　清进・滨川JV（器械设备工程第1期）・京滨电设（同第2期）　金子moriya特别JV（器械设备工程第1期）・兴和工业（同第2期）
　　　新兴电设工业（高压配电设备工程第1期）
所在地　神奈川县横滨市西区
GRAND MALL PARK RENEWAL PROJECT
architects: MITSUBISHI JISHO SEKKEI

美术广场一景。右方是"横滨美术馆"，左方是"港未来标志"。左侧后方是"横滨地标塔"。1989年以横滨博览会为契机建造了Grand Mall，随着时间的流逝周围的环境在变化，人们对未来城市的建设也提出了新的要求。设计师充分考虑公园周与周围环境的和谐一致，因此增加了榉木行道树并且在空间的设置、新广场的修建及照明工程等环节都精心策划，旨在为该地区增添一份活力

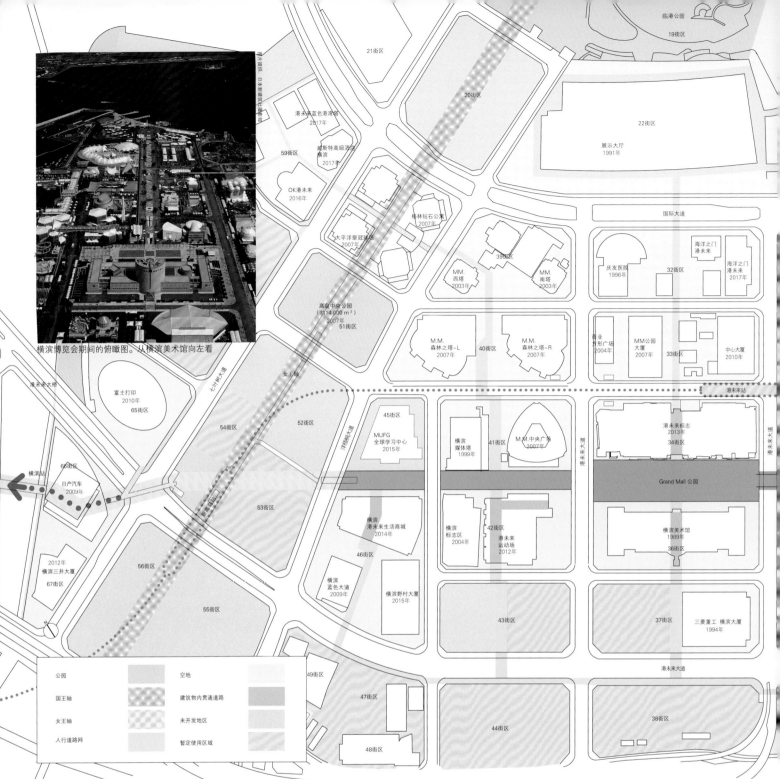

横滨博览会期间的俯瞰图。从横滨美术馆向左看

图例		
公园		空地
国王轴		建筑物内贯通道路
女王轴		未开发地区
人行道路网		暂定使用区域

　　港未来21区局域图 比例尺1/5 000（第一年亏损）。港未来21区的目标是创造一个集商业、国际交流、港湾管理、滨海休闲功能于一身的城市一角。这里基于"港未来21区基本规定""港未来21中央地区都市景观准则"等多个规定与准则，对公共场所广告、建筑形态与轮廓、外壁色调、公共空间的统一设计等进行了细节指导。

　　另外，以"国王轴"和"女王轴"为中心的步行空间，在这宽度超过15 m的空间中设置立体人行道网，Grand Mall公园就像纽带连接了四面八方，作为横滨市的城市公园为市民创造了良好的生活环境。

为了下一代的城市规划

　　在地方经济比较困难的年份里，因公园破旧而改建的例子少之又少。因为大多数公园作为城市公共基础设施的一部分，破旧与否几乎不影响其功能。该公园的设施不仅陈旧老化，而且周围的城市机能也渐渐成熟，为积极应对城市变化的脚步以及响应"绿色横滨计划"，决定对横滨的公园进行改建与整修。

　　1989年公园刚刚开始建成时期，港未来21区主要的建筑只有横滨博览会场、横滨美术馆还有Grand Mall公园。可以说这个公园引领了当初的城市建设。但是随着时间的流逝，周围的景观在不断发生着变化，办公大楼、商业店铺、住宅鳞次栉比。作为不可或缺的公园，牵引着成熟都市体系的发展，起着调节城市景观的重要作用。城市发展带来的变化让我们意识到公园的改建与整修工作势在必行。2012

年，通过重建方案，重建工程正式拉开帷幕。

　　该地区根据"城市规划基本规定"，严格遵守该规定并与周围环境相协调，将区域内的人行道设计成发散网状。Grand Mall公园就是该区域网的一个中心部分。另外，该公园用地内部和私人用地相连，可以说与周边地区的联系非常紧密。为了将公园这一特点扩大，将公园设计成一个非平面的立体区域，既可以提供公共服务又能与周围的设施结合

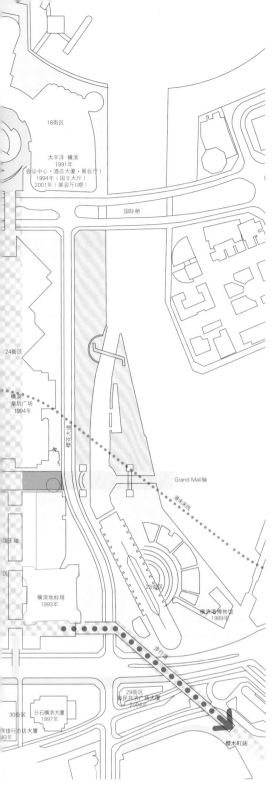

"水镜"喷泉广场。这里原来是与横滨美术馆的分界线，重新改装后变为集步行通路与喷水公园的大广场

从横滨美术馆看美术广场。横滨美术馆的前辅设草坪与公园连成一体

发挥作用。成为一个既有共性又有个性的多样化场所。未来还可以将移动图书馆、小型商店等纳入公园整体系统，期待这个公共区域被充分利用，为市民带来更加舒适的生活体验。

（植田直树/三菱地所设计）

（翻译：程雪）

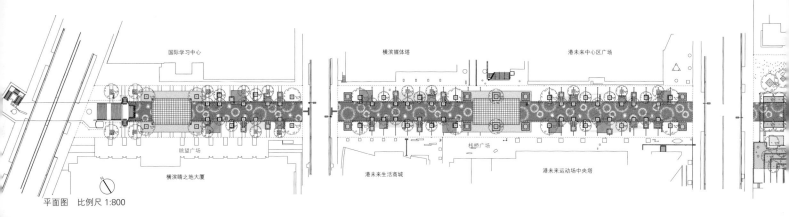

平面图　比例尺 1:800

美术广场视角

设计：景观：三菱地所设计
设备：三菱地所设计
施工：SAKATA Seed・田口园艺JV（景观设施等第1期）
滨田园（园地整备第1・2期）・Araigreen JV（同第1期）・泰山园JV・横滨植木（同第2期）清进・滨川JV（电力设备第1期）・京滨电设（同第2期）　金子moriya特别JV（器械设备工程第1期）・兴和工业（同第2期）　新兴电设工业（高压配电设备工程第1期）
占地面积：23 102 m²（公园全体）
工期：美术广场：第1期　2015年4月—2016年3月
美术广场以外：第2期　2016年4月—2017年1月
摄影：Forward Stroke
（项目说明详见第160页）

榉木行道树与公园设施

公园的绿色计划充分发挥原有树木的作用，尊重公共区域的景观。以半公共场所为轴，自由进行设计，使人们的聚集空间舒适自然，有一种置身于露台之感。并且在那里放置一些"家具"，外出的人们看到这些也会有一种温馨的感觉，好似在自家阳台。这种设计加深人们与大街的感情，使人们更有归属感。公园的"家具"不仅仅局限于"坐"这个功能。在设计师熊谷玄先生的参与支持下，力求与港未来21区整体环境相协调，设计构想逐一变为现实。还有像水盘、甲板一样的设计，各种独具一格的设计给这个空间增添了丰富的元素。

（津久井敦士/三菱地所设计）

重建前"栈桥广场"剖面图　比例尺 1:800

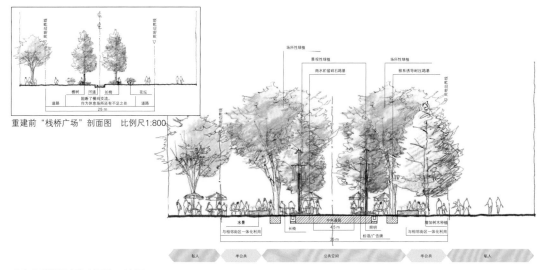

重建后"栈桥广场"剖面图　比例尺 1:400

重建前美术广场剖面图　比例尺1:800

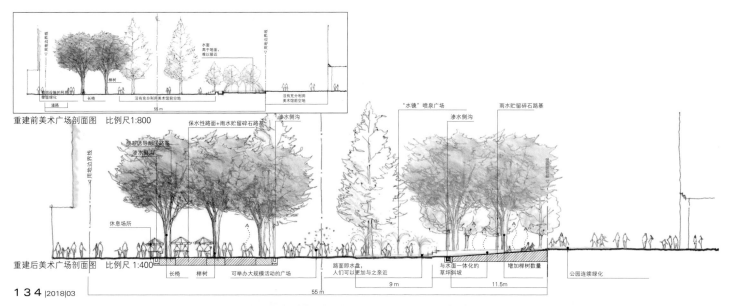

重建后美术广场剖面图　比例尺1:400

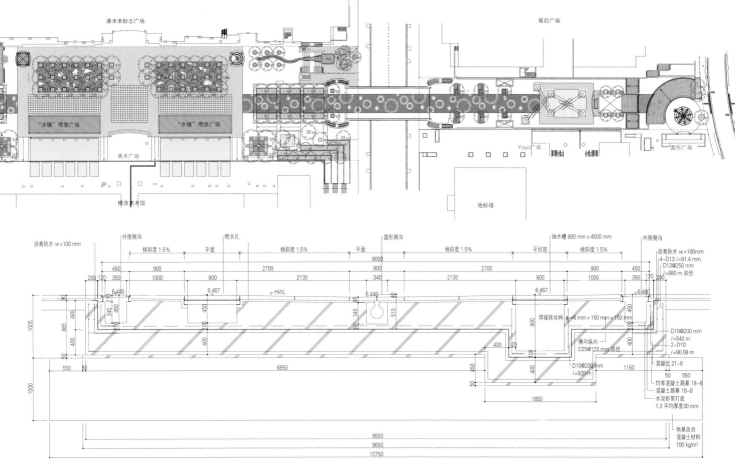

皇后广场

"水镜"喷泉广场

"水镜"喷泉广场

美术广场

Yoyo广场

圆形广场

横滨美术馆

地标塔

沥青防水 w=100 mm

外围侧沟　　　　　　喷水孔　　　　　　　　　圆形侧沟　　　　　　　　　抽水槽 800 mm × 4500 mm　　外围侧沟

倾斜度 1.5%　平面　　　倾斜度 1.5%　　平面　　　倾斜度 1.5%　　　平坦部　倾斜度 1.5%

沥青防水 w=100 mm
4-D13 l=91.4 mm
D13@250 mm
l=880 m 双倍

焊接铁丝网 φ=6 mm × 150 mm × 150 mm

D10@200 mm
l=540 m
2-D10
D25@125 mm 双倍
l=90.08 m

D10@200 mm
l=920 m

混凝土 21-8
均等混凝土路基 18-8
混凝土路基 18-8
水泥砂浆打底
1:3 平均厚度30 mm

地基改良
混凝土改良材料
100 kg/m³

"水镜"喷泉广场剖面详图　比例尺1:60

利用水和灯光效果设计出宜居空间

　　"水镜"喷泉广场是一个非常具有特色的公共区域。最大水深为4 cm的水盘倒映出横滨美术馆、横滨地标塔等建筑物的身影。不喷水时可作为广场举办各种活动，喷水时水随着音乐有节奏地喷出，给广场增添了活力。炎炎夏日，小朋友在这里玩水，家人们在这里休息，尽情享受天伦之乐。公园的水可以循环使用，我们称之为"水循环回廊"。横滨未来构想建成一个环保型城市，公园作为人们最重要的生活场所之一，首当其冲对其进行了重新设计与改建。碎石路基和排水沟都可以储存雨水，水蒸发至空气中，形成良性的生态循环。该地作为小孩子的游乐园来说是再好不过的。公共区域的波纹状地板还有排水沟的钢格板都是基于环保的理念进行设计与选择的。新提出的"绿色城市基础设施"这个概念从公园的整体贯彻到细节部分，给公园重建提供了新的思路。

　　夜晚的照明企划是与"TOMITA LIGHTING DESIGN OFFICE"的富田泰行先生合作完成的。美术馆前方广场，名为"夜光海（设计：石井干子）"的地砖中安装了LED灯，通过太阳能蓄电晚上可以用作照明。建筑完工之后考虑照明的功能性和设计性，将组装灯换成LED，并改良太阳能电池板等。不仅是该公园，其他街区的广场也采用这种照明形式，使人们一年四季都可享受城市夜景。基础照明是立式聚光灯，在公园其他细节部位安装有不种类的照明，打造出一种强弱不一却十分温暖的氛围。另外还准备了外部的电源，可以支持夜景灯饰的使用，将该地打造成为一个与建筑物内部不同的室外娱乐休闲场所。

（津久井敦士/三菱地所设计）

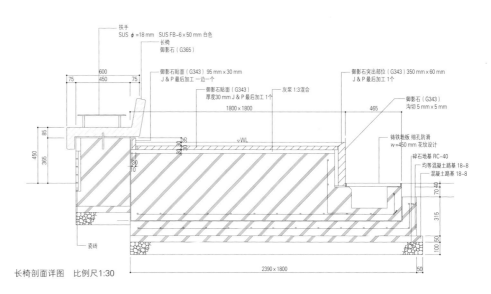

扶手
SUS φ=18 mm　SUS FB-6 × 50 mm 白色
长椅
御影石（G365）

御影石贴面（G343）95 mm × 30 mm
J & P 最后加工一边一个

御影石突出部位（G343）350 mm × 60 mm
J & P 最后加工 1个

御影石贴面（G343）
厚度30 mm J & P最后加工1个
1800 × 1800

灰浆 1:3混合

御影石（G343）
沟切 5 mm × 5 mm

铸铁地板 细孔防滑
w=450 mm 花纹设计

碎石地基 RC-40
均等混凝土路基 18-8
混凝土路基 18-8

瓷砖

长椅剖面详图　比例尺1:30

左：眺望"栈桥广场"/右：别具一格的池边长椅

KUSATSU COCORIVA (草津川遗址公园商业设施)

设计　森下修/森下建筑综合研究所（装潢设计监理）
　　　地区计划建筑研究所（整体调整）

施工　内天组

所在地　滋贺县草津市
KUSATSU COCORIVA
architects: OSAMU MORISHITA ARCHITECT & ASSOCIATES

当地当时的原始环境

建筑用地位于河底旧址。

在大雨的冲击下，泥沙不断堆积，河岸堤防慢慢抬高，旧草津川的河床渐渐高于岸边的建筑物。于是，我们新建了河道，取代了原来的旧河道，并计划将这里建成草津市的繁华地带。

草津川遗址公园内，共设计大小三栋商业设施。沿着琵琶湖畔，我们在现代还原了原始的芦苇屋顶，建筑分布呈部落式。这勾起了人们心中关于当地芦苇房顶的记忆，不禁令人备感亲切与怀念。原始的芦苇房顶，是在当地取材，并采用稳定性极高的方法将芦苇铺装在屋顶之上发展而来。我们利用芦苇或是茅草作为原材料，采取相应的施工法，在多处建造了类似的屋顶。

所谓建筑，并非是指空间中造型的突然转换，而是追求一种人与周围环境的融合。因为空间受到人的活动的限制，所以建筑就是将残存在人意识中的已有观念集合起来，从领悟到一种意境。这就不仅要重视外观，而且要强调人与环境之间的相关性。所以，对于建筑师来说，要建造出什么样的建筑是第一课题。

在时间紧迫的情况下，要考虑所处环境在当时、当地最易获取的材料是什么。在货物流通发展迅猛的现代，相较于场所来说，时间将成为更大的先决条件。我们需要的是质量轻巧，能多层叠铺的材料。考虑采用市面上常见的钢材，而并非需要订制的大型钢材。通过重组搭建骨架，反复使用相似的材料，重叠立体桁架，以此来建造屋顶。虽然我们使用了不同于尖端产品的系统和材料，但是在建筑施工上的方案是非常相近的。具体如何施工，这就在于如何将当地当时的屋顶特征呈现出来。根据投标，由地区的建筑公司负责施工。

现在无论在哪里，拥有一定规模的建筑工厂都处于紧张的施工阶段，即使耗费时间，但只要像叠铺芦苇一样，将桁架结构仔细重叠，就可以建造出来。虽然费时费力，但是只要重叠法这一创意能够切实地进行下去，就一定能够实现稳定这一目标。

在庑殿顶上悬浮一块铁板，由此能得到一种类似于歇山顶的抽象之感。风拂过屋脊，在大屋顶下面，能感受到一丝清凉之意。阁楼最后的完工阶段是加铺木丝水泥板（目的是加固芦苇）。这些材料，能够使人在视觉、触觉上真实地感受到材质的特性。

桁架由L形角钢和圆钢焊接而成。在工厂内组装可搬入的最大型号组合件，运到工地。将连接桁架的水平支杆直接安装在屋顶板和木丝水泥板上面。不使用非抗震建材，减少建材种类，从整体进行量化、重复相同的步骤，从而确保能通过重叠法实现多样化。思考如何去施工，然后完成建筑。这就是我们想要的那种富有多样性并能令人备感亲切的建筑。

（森下修）

（翻译：赵碧霄）

西北视角。2002年，流入琵琶湖的草津川河道改道，建在于河道遗址上的草津川遗址公园。根据"都市公园法"建造了商业设施。草津市自古以中山道和东海道相交的驿站而繁荣成镇，因而采用"为了重振繁荣而努力，让草津市城市建设"项目作为草津城市再生的目标。这次，在SUNDAY'S BAKE RIVER GARDEN建设中再现琵琶湖周边地区传统的芦苇屋顶，从而唤起人们熟悉且原始的景象。

"草津川遗址公园"全长约7 km，将被草津川分割开的城市南北两端连接起来。因为草津川曾因河床太高变成了一条地上悬河，所以公园较周围地面高出5 m左右。该计划是在位于区间5的"de爱广场"（2017年4月正式开放）中建设商业设施

设计：建筑：森下修/森下建筑综合研究所
　　　结构：Plus One结构设计
　　　设备：AZU
　　　公园装潢总体规划·景观：E-DESIGN
　　　内部装修：A、B栋：AZU　C栋：BALNIBARBI
施工：内天组
用地面积：A栋：181.29 m²　B栋：634.35 m²
　　　　　C栋：674.25 m²
建筑面积：A栋：62.27 m²　B栋：324.43 m²
　　　　　C栋：209.01 m²
使用面积：A栋：58.00 m²　B栋：314.00 m²
　　　　　C栋：201.43 m²
层数：地面1层
结构：钢筋结构
工期：2016年8月—2017年4月
摄影：日本新建筑社摄影部（特别标注除外）
（项目说明详见第161页）

从前的用地照片，可见地上悬河

JR草津站

四张图片为草津川遗址公园·区间5 "de爱广场"（设计：E-DESING）。左上：活动广场/右上：主要入口/左下：森林公园/右下：市民活动中心，设有咨询处和管理事务所

KUSATU KOKORIVA

主要入口

活动广场

草津遗址公园 de爱广场（区间5）

市民活动中心

森林公园

N

区域图　比例尺 1:5000（绿色部分为草津川曾流经的土地）

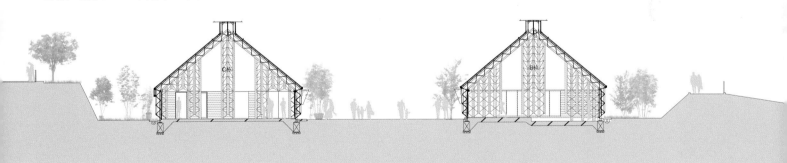

剖面详图　比例尺1:300

C栋全景图。用作餐厅。在面积为11 080 mm×18 360 mm的平面内架构了最高达7800 mm的庑殿顶

C栋内部视图。立体桁架是由L形角钢和圆钢组成的轻巧构造。桁架由130 mm×130 mm×15 mm的L形角钢和直径为25 mm的圆钢（B·C栋相同，A栋是100 mm×100 mm×13 mm，直径为19 mm）组成，与水平支杆相连。在工厂内组装可搬入的最大型号钢材，并将其运送到工地与部分圆钢焊接起来

平面图　比例尺1:500

在A栋的餐厅内，可透过玻璃看见C栋。3栋建筑楼高相同，均为2270 mm。
外侧墙壁均选用玻璃，给人一种屋顶悬浮在半空之中的感觉

左：B栋（热瑜伽工作室）的内部视图/右：最前面是A栋，后面是B栋。将每栋建筑的位置稍稍错落开来，创造出类似于原始部落的环境

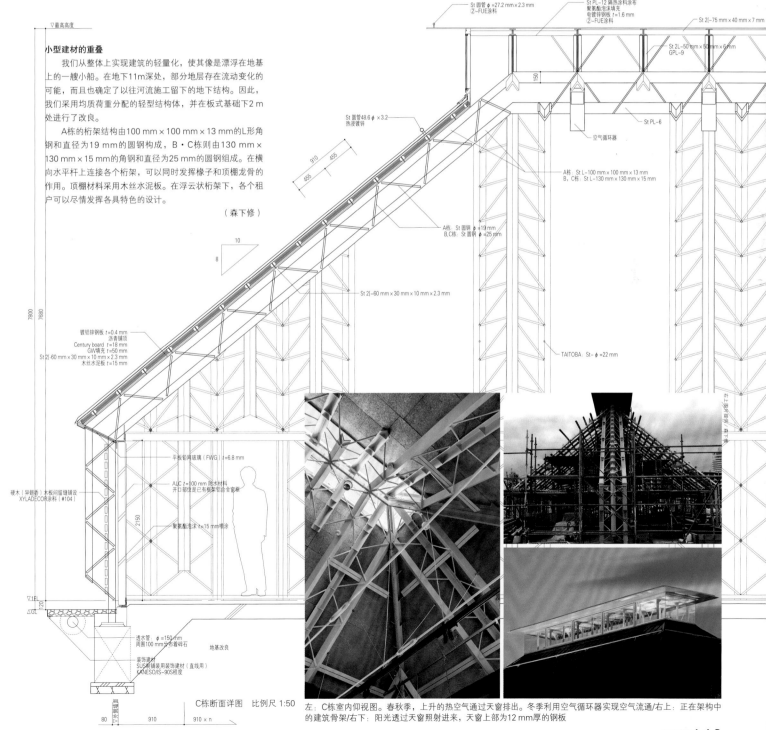

小型建材的重叠

我们从整体上实现建筑的轻量化，使其像是漂浮在地基上的一艘小船。在地下11m深处，部分地层存在流动变化的可能，而且也确定了以往河流施工留下的地下结构。因此，我们采用均质荷重分配的轻型结构体，并在板式基础下2 m处进行了改良。

A栋的桁架结构由100 mm × 100 mm × 13 mm的L形角钢和直径为19 mm的圆钢构成，B·C栋则由130 mm × 130 mm × 15 mm的角钢和直径为25 mm的圆钢组成。在横向水平杆上连接各个桁架，可以同时发挥橡子和顶棚龙骨的作用。顶棚材料采用木丝水泥板。在浮云状桁架下，各个租户可以尽情发挥各具特色的设计。

（森下修）

C栋断面详图　比例尺 1:50

左：C栋室内仰视图。春秋季，上升的热空气通过天窗排出。冬季利用空气循环器实现空气流通/右上：正在架构中的建筑骨架/右下：阳光透过天窗照射进来，天窗上部为12 mm厚的钢板

逗子市第一运动公园重建

设计　伊藤宽工作室　Lysning Landscape Architects
施工　渡边组
所在地　神奈川县逗子市
ZUSHI DAI–ICHI SPORTS PARK IMPROVEMENT PROJECT
architects: HIROSHI ITO ATELIER ARCHITECTS STUDIO　LYSNING LANDSCAPE ARCHITECTS

逗子市第一运动公园重建

设计　伊藤宽工作室　Lysning Landscape Architects
施工　渡边组
所在地　神奈川县逗子市
ZUSHI DAI–ICHI SPORTS PARK IMPROVEMENT PROJECT

北侧视角。体验式学习设施，用地面积约55 000 m²，是运动公园中使用者的交流基地。除了拥有能够作为锻炼场、学习室和礼堂使用的各种多功能室之外，还备有婴幼儿室和咖啡馆。这些建筑呈东西方向蛇形分布，为了把这些设施连接起来，在其间架设了弯曲状的屋顶，起伏平缓，以便将其围绕在建筑周围，作为人流线进行规划

建设开放型交流基地

由于已有泳池的老化，以及为了进一步实现公园无障碍化和加强防灾功能，同时做到确保中学生的活动场所，创造一个各个年龄段人群都可以利用的交流基地，逗子市决定重建第一运动公园，新建体验式学习设施作为公园的中心设施。在选定设计师的过程中，逗子市首次尝试举办建筑设计方案大赛，并得到了日本建筑家协会（JIA）的支持。而且，大赛设定的参赛条件不要求一定要有类似设施设计经验，从而使更多设计师能够参与其中。这种政府与JIA合作选定公共建筑设计师的模式也获得市民的一致赞同，成为一种市民和孩子们也可以参与其中的运营形态，是新时代下社会的理想状态，同时又彰显了人与人之间的密切关系。逗子市的山谷地形独具特色，我们将公园视为逗子市独特起伏景观的

一个缩影，重建了起伏平缓且连绵不断的新公园。公园内体验式学习设施的各室呈分散状分布。松软土地上的草坪和树木的葱葱绿意，还有清风吹过如诗境般的美妙，在这样的公园中，我们建造了大规模平房建筑，并在上面搭建了彼此相连的屋顶。在屋顶下面，我们构建了名为"道路广场"的室外空间。道路广场是一个能够连接各个设施的移动空间，同时也是一个能够提供遮阳和避雨的小型屋顶广场。不仅如此，它还是公园南北向景观转换的分界点。该设计方案的建筑线条如蛇形逶迤蜿蜒，不仅能够满足市民多种多样的要求，同时各个设施的大小和布局也能够进行灵活的调整。

在基础设计阶段，我们召开了6次检讨委员会（后更名为恳谈会）。检讨委员会共21人，成员大多来自儿童会、教育、福利、体育、防灾等领域，

还有残障人员、老年俱乐部和政府工作人员。但是，在短短两个多小时的检讨委员会当中，各委员的发言时间有限。所以，设计师很难充分理解大家的想法，不能总结出一个完美的方案。因此，在最初阶段我们决定直接同每位委员会成员进行交谈，时长约1~2小时。在这种形式下，我们能够充分了解各个阶层的要求。我们修改了最初的计划，以便能反映出市民的心声，最终方案基本得到了所有人的肯定与期待。为了能够让设施满足所有人的需求，附有儿童馆功能，逗子市在公园运营方面进行了创新，上午向成人收取费用，下午到晚上，儿童可以免费利用其中的设施。在这里，孩子们可以尽情玩耍，自由利用公园设施。

（伊藤宽/伊藤工作室）

（翻译：赵碧霄）

多功能室4东侧道路广场视角。公园里各处都设计了"道路广场"，即建于连接房屋的屋顶下方的檐下空间。有了这个设计，南北向不仅能够通风，而且视野通透。我们根据相邻房间的高度，调整了顶棚的高度。这样，就能为使用者提供多样的活动场所

准备室　　多功能室5　　道路广场　卫生间　多功能室4　　道路广场　　　事务

东西剖面图　比例尺1:400

北侧公园小路视角。弯曲屋顶下立有直径90 mm~140 mm的柱子，用来支撑屋梁。中心处与事务室相连的玻璃休憩室，是公园设施的咨询处和休息场所

小山游乐场的西侧视角。照片右侧为道路广场。穿过道路广场，是儿童广场。小山游乐场同儿童广场高度相差约1000 mm。在小山游乐场周围，我们建造了婴幼儿室和咖啡馆，孩子们可以和父母在这里尽情享受快乐时光。道路广场顶棚高度的变化范围在2300 mm~2700 mm之内

道路广场
不仅是设施间的动线，也是连接室内与室外、促进人们交流的场所

| 休息室 | | 多功能室3 | 道路广场 | 多功能室2 | 多功能室1 | 婴幼儿游戏室 | 道路广场 | 儿童游戏室 |

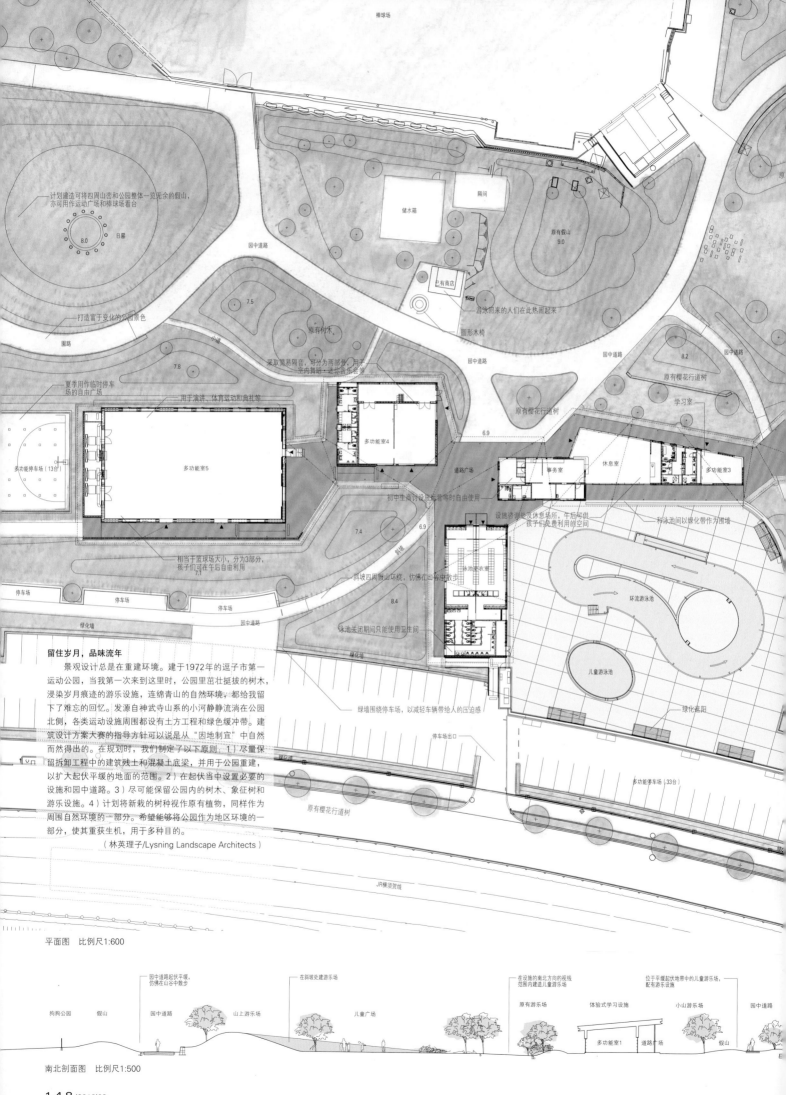

棒球场

计划建造可将四周山峦和公园整体一览无余的假山，亦可用作运动广场和棒球场看台

储水箱

隔间

原有假山
9.0

原

日晷
8.0

游泳回来的人们在此热闹起来

园中道路

打造富于变化的公园景色

圆形木椅

已有商店

园路

7.5

原有树木

8.2

园中道路

7.8

少槽

原有樱花行道树

园中道路

采取简易隔音，分为两部分，用于室内舞蹈、迷你音乐会等

夏季用作临时停车场的自由广场

用于演讲、体育运动和典礼等

原有樱花行道树

学习室

多功能室4

6.9

事务室

休息室

多功能室3

多功能室5

游泳间以绿化带作为围墙

多功能停车场（13台）

道路广场

设施咨询处及休息场所，午后供孩子们免费利用的空间

7.4

6.9

初中生商讨设施布置等时自由使用

7.1

相当于篮球场大小，分为3部分，孩子们可在午后自由利用

斜坡四周假山环绕，仿佛在山谷中散步

泳池更衣室

环流游泳池

停车场

停车场

停车场

8.4

泳池关闭期间只能使用卫生间

园中道路

儿童游泳池

绿化墙

绿化遮阳

留住岁月，品味流年

景观设计总是在重建环境。建于1972年的逗子市第一运动公园，当我第一次来到这里时，公园里茁壮挺拔的树木，浸染岁月痕迹的游乐设施，连绵青山的自然环境，都给我留下了难忘的回忆。发源自神武寺山系的小河静静流淌在公园北侧，各类运动设施周围都设有土方工程和绿色缓冲带。建筑设计方案大赛的指导方针可以说是从"因地制宜"中自然而然得出的。在规划时，我们制定了以下原则：1）尽量保留拆卸工程中的建筑残土和混凝土底梁，并用于公园重建，以扩大起伏平缓的地面的范围。2）在起伏当中设置必要的设施和园中道路。3）尽可能保留公园内的树木、象征树和游乐设施。4）计划将新栽的树种视作原有植物，同样作为周围自然环境的一部分。希望能够将公园作为地区环境的一部分，使其重获生机，用于多种目的。

（林英理子/Lysning Landscape Architects）

绿墙围绕停车场，以减轻车辆带给人的压迫感

停车场出口

多功能停车场（33台）

原有樱花行道树

JR横须贺线

平面图　比例尺1:600

狗狗公园　假山

园中道路起伏平缓，仿佛在山谷中散步

在斜坡处建游乐场

在设施的南北方向的视线范围内建造儿童游乐场

位于平缓起伏地带中的儿童游乐场，配有游乐设施

原有游乐场

体验式学习设施

小山游乐场

园中道路

山上游乐场

儿童广场

多功能室1　道路广场

假山

南北剖面图　比例尺1:500

原有树木

山上游乐场

利用建筑残土构建起伏地面

在斜坡处建游乐场

出入口

原有树木

停车场

儿童广场

利用原有树木和游乐设施，保留公园原有痕迹

原有樱花

原有游乐设施

原有饮水区

设有哺乳角、更换尿布角和幼儿卫生间

设有厨房和工作台，可分内外两部分，用于工作、料理课堂、学习和会议等

园中道路

出入口

位于儿童游乐场中心的架顶道路广场

多功能室2

多功能室1

婴幼儿室

道路广场

小孩子们的游戏场所

游戏室

地势起伏处设有儿童游乐场

沙池

小山游乐场

广场

斜坡

谐桐

园中道路

咖啡馆

原有树木

停车场

可以一边看孩子们嬉戏，一边饮茶

小山遮挡来自儿童广场的视线，建造独具特色的泳池

斜坡

25M泳池

8.0

夏季定期向小山谷喷洒水雾

7.45

泳池机械室

防灾仓库

设计绿墙和樱花行道树，构建公园布局

作为公园象征性存在的东急红色车辆

电车

上：休息室内部构造。弯曲的屋顶完整呈现于室内/下：在逗子市为亲子提供的婴幼儿室看向里侧的道路广场和小山游乐场

设计：建筑·设备：伊藤宽工作室
　　　建筑合作：大成优子建筑设计事务所　伊森增田Architects
　　　景观：Lysning Landscape Architects
　　　结构：NAWAKENJI-M
施工：渡边组
用地面积：55 576.05 m²
建筑面积：2566.38 m²
使用面积：2550.16 m²
层数：地上1层
结构：钢筋结构　一部分为钢架钢筋混凝土结构
工期：2012年12月—2014年3月
摄影：日本新建筑社摄影部
（项目说明详见第162页）

整体效果图

棒球场

自由运动场

网球场

竞技场

泳池

区域图　比例尺1:3000

树木环绕的特色泳池

降低车辆存在感的绿化墙

泳池

停车场

人行道

车道

线路

原有樱花行道树

釜石市立鹅住居小学　釜石市立釜石东中学　釜石市鹅住居儿童馆　釜石市立鹅住居幼儿园（项目详见第4页）

● 向导图登录新建筑在线：
http://bit.ly/sk1803_map

■ 釜石市立鹅住居小学 釜石市立釜石东中学 釜石市鹅住居儿童馆

所在地：岩手县釜石市鹅住居町第 13 分区 20-3
主要用途：小学、中学、儿童馆
所有人：釜石市

设计

建筑：CAt
负责人：小岛一浩　赤松佳珠子
东山满＊　黑田弘毅＊　高桥智彦
入江可子＊　孕石树理＊　大村真也
（＊原职员）

结构：oak结构设计
负责人：新谷真人　川田知典
yAt 结构设计事务所
负责人：中畠敦广　须藤崇

电力设备：设备计划
负责人：山本修二　远藤理英

机械设备：科学应用冷暖研究所
负责人：高间三郎

设计协助：GINGRICH
负责人：山雄和真

景观：E-DESIGN
负责人：长滨伸贵　石原康广

栽种：GA山崎
负责人：山崎诚子　岩男弘美

噪音治理顾问：上野佳奈子

监理：CAt
负责人：小岛一浩　赤松佳珠子　大村真也
东山满＊　黑田弘毅＊　入江可子＊
孕石树理＊　内田大资

施工

大林组・熊谷组・东洋建设・元持特定企业联营所
建筑负责人：宝福智　太田达郎　福士正治
齐藤敏晴　小林洋次　大坪俊和
空调・卫生・电力负责人：松原健一

规模

用地面积：77003.29 m²

建筑面积：6309.04 m²
使用面积：11142.66 m²
1层：1995.98 m²　2层：3527.29 m²
3层：3681.83 m²　4层：1684.02 m²
建蔽率：8.19%（容许值：60,70,80%）
容积率：14.24%（容许值：200%）

尺寸

最高高度：15 070 mm
房檐高度：14 871 mm
层高：教室 3700 mm
顶棚高度：教室 3100 mm

用地条件

地域地区：日本《建筑基准法》第22条指定区域　受灾市区复兴推进地域（鹅住居地区）土地区划整顿事业区域
停车辆数：80 辆

结构

主体结构：钢筋结构
桩・基础：天然地基　部分柱状改良

设备

空调设备
空调方式：热泵变频多联式空调方式（电力）
供暖方式：地面出风口温风供给方式 + FF暖气设备（煤气）
热源：电力　煤气

卫生设备
供水：下水管道直接供给方式
热水：电力　煤气
排水：建物内分流・用地内合流方式

电力设备
供电方式：高压1回线供电
设备容量：350kVA
额定电力：220kVA
预备电源：应急发电机
※小学、中学、儿童馆、幼儿园统一供电

工期

设计期间：2013 年 6 月- 2015 年 5 月
施工期间：2015 年 8 月-2017 年 3 月

工程费用

建筑：3 177 330 000 日元

空调・卫生：179 290 000 日元
电力：226 410 000 日元
外观：412 150 000 日元（包括幼儿园）
总工费：5 9552 28 000 日元

■ 釜石市立鹅住居幼儿园

所在地：岩手县釜石市鹅住居町第 13 分区 20-3
主要用途：小学　中学　儿童馆
所有人：釜石市

设计

建筑：CAt
负责人：小岛一浩　赤松佳珠子
东山满＊　黑田弘毅＊　高桥智彦
入江可子＊　孕石树理＊　大村真也

结构：oak结构设计
负责人：新谷真人　川田知典

电力设备：设备计划
负责人：山本修二　远藤理英

机械设备：科学应用冷暖研究所
负责人：高间三郎

设计协助：GINGRICH
负责人：山雄和真

景观：E-DESIGN
负责人：长璃伸贵石原康广

栽种：GA山崎
负责人：山崎诚子　岩男弘美

噪音治理顾问：上野佳奈子

监理：CAt
负责人：小岛一浩　赤松佳珠子
大村真也　东山满＊　黑田弘毅＊
入江可子＊　孕石树理＊　内田大资

施工

大林组・熊谷组・东洋建设・元持特定企业联营体
建筑负责人：宝福智　太田达郎
福士正治　齐藤敏晴　小林洋次
大坪俊和
空调・卫生・电力负责人：松原健一

规模

用地面积：5158.41 m²

建筑面积：706.81 m²
使用面积：585.53 m²
建蔽率：13.70%（容许值：61.22%）
容积率：11.20%（容许值：200%）
层数：地上 1 层

尺寸

最高高度：5990 mm
房檐高度：5680 mm
层高：3500 mm

用地条件

地域地区：日本《建筑基准法》第 22 条指定区域　受灾市区复兴推进地域（鹅住居地区）土地区划整顿事业区域
道路宽度：北5 m
停车辆数：7辆

结构

主体结构：木结构轴组工法
桩・基础：天然地基

设备

空调设备
空调方式：热泵AC方式
热源：电力

卫生设备
供水：下水管道直接供给方式
热水：电力　煤气
排水：污水・杂排水分流方式

电力设备
供电方式：高压1回线供电
设备容量：350 kVA
额定电力：220 kVA
预备电源：应急发电机
※小学、中学、儿童馆、幼儿园统一供电

工期

设计期间：2013 年 6 月- 2015 年 5 月
施工期间：2015 年 8 月-2017 年 3 月

工程费用

建筑：183 860 000 日元
空调・卫生：23 800 000 日元
电力：15 550 000 日元
外观※包含在中小学 + 儿童馆中

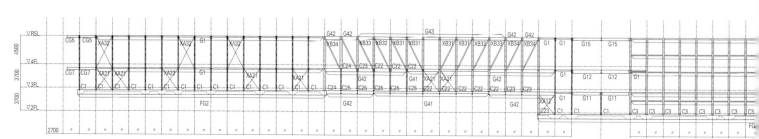

天桥楼长轴组　比例尺1:400

台阶楼南北轴组　比例尺1:600

釜石市立唐丹小学・釜石市立唐丹中学・釜石市立唐丹中学儿童馆（项目详见第22页）

DATASHEET

●向导图登录新建筑在线
http://bit.ly/sk1803_map

所在地：岩手县釜石市唐丹町小白滨314
主要用途：小学、中学、儿童馆
所有人：釜石市

设计

建筑：**干久美子建筑设计事务所・东京建设咨询株式会社、釜石市唐丹区学校等建设工程设计业务特定设计联营体**
　　　干久美子建筑设计事务所
　　　负责人：干久美子　森中康彰　蓝泽和孝　几留温　大藤尚生　宫崎侑也
土地修整：东京建设咨询株式会社
　　　负责人：前田格
构造：KAP
　　　负责人：冈村仁　石川敬一
设备：环境工程株式会社
　　　负责人：松石道典　高山浩　川村光
栽种：Plantago　负责人：田濑理夫
　　　UPDATED TODAY　负责人：高冲哉　霜田亮祐
广告：菊地敦己株式会社事务所
　　　负责人：菊地敦己　玉村宏雅　佐藤谦行
　　　照明（夜间照明）：Bonbori Lighting Architect & Associates
　　　负责人：角馆MASAHIDE　竹内俊雄
监理：干久美子建筑设计事务所・东京建设咨询株式会社、釜石市唐丹区学校等建设工程设计业务特定设计联营体
建筑：干久美子建筑设计事务所
　　　负责人：干久美子　森中康彰　大藤尚生　小坂怜
　　　土地修整：东京建设咨询株式会社
　　　负责人：前田格

施工

建筑・修整：前田・新光特定建设工程企业联营体
　　　负责人：须崎太朗　北川佳史　伊藤哲也　佐久间拓也
空调・卫生：Yurtec Corporation
　　　负责人：胜仓龙弥
电气：Yurtec Corporation
　　　负责人：安云良平

规模

用地面积：20309.92m²
建筑面积：4362.30m²
使用面积：6180.00m²
1号楼：1层：336.13m²　2层：336.15m²
2号楼：地下1层：365.36m²
　　　　1层：477.08m²
　　　　2层：477.08m²
3・4号楼：1层：987.23m²　2层：976.11m²

5号楼：1层：440.30m²　2层：414.17m²
体育馆：地下1层87.14m²
　　　　1层：1200.73m²
　　　游泳池：1层：33.68m²
建蔽率：21.48%（无指定）
容积率：30.43%（无指定）
层数：层数：1・3・4・5号楼：地上2层
　　　2号楼：地下1层、地上2层
　　　体育馆：地下1层、地上1层
　　　游泳池：地上1层

尺寸

最高高度：3・4号楼：7590mm
　　　　　体育馆：12 250mm
房檐高度：3・4号楼：6070mm
　　　　　体育馆：8960mm
层高：教学楼1层：4000mm
顶棚高度：普通教室1层：3325mm
主要跨度：6370mm×7280mm

用地条件

地域地区：无指定用途地区　城市规划地区外
道路宽度：西10.66m
停车数量：44辆

结构

主体结构：1・2・5号楼：木质+钢筋水泥造
　　　　　3・4号楼：木质
　　　　　体育馆：铁架+钢筋水泥结构　一部分木质
　　　　　游泳池：钢筋水泥结构
桩・基础：直接基础、一部分柱状改良

设备

空调设备
空调方式：FF暖气设备　风冷热泵机组
热源：天然气　电力
卫生设备
供水：水槽水泵给水方式
热水：局部供热水
排水：分流方式
电气设备
受电方式：高压受电方式
设备容量：400kVA
额定电力：253kVA
预备电源：蓄电池（太阳光板）
防灾设备
防火：室内灭火栓设备
排烟：自然排烟
升降机：乘用电梯（11人）x3台

工期

设计期间：2013年6月—2015年3月
施工期间：2015年3月—2018年2月

工程费用

总工费：4 557 600 000日元

外部装饰

屋顶：SEKINO Group
　　　Tanita House
外壁：日本关西涂料株式会社
　　　NICHIHA（日吉华公司）
　　　SK KAKEN
　　　YKK AP
　　　日本植生株式会社
　　　MITHINOKU BIOTOUPU

内部装饰

普通教学楼
地板：TOLI
墙壁：AEP
天花板：OSMO & EDEL
第1体育馆
墙壁：AEP
天花板：OSMO & EDEL
儿童馆
地板：TOLI
墙壁：AEP

主要使用器械

卫生器材：TOTO
空调器械：DAIKIN INDUSTRIES　Sunpot
照明器材：三菱电机　笠松电气

小岛一浩（KOJIMA・KAZUHIRO/右）
1958 年生于大阪府/1984年东京大学研究生院硕士课程修完/1986 年，同大学研究生院博士课程在读期间与他人共同创立Coelacanth（后C＋A，2005改组为CAt）/担任东京理科大学副教授，后为教授，2011年担任横滨国立大学研究生院Y–GSA教授/2016年10月13日逝世

赤松佳珠子（AKAMATSU・KAZUKO/左）
1968 年生于东京都/1990 年从日本女子大学家政学部住居学科毕业后，加入Coelacanth/2002年成为C＋A合伙人/2005年改组为CAt/目前，为CAt合伙人，法政大学教授，神户艺术工科大学特聘讲师

干久美子（INUI・KUMIKO）
1969年出生于大阪府/1992年毕业于东京艺术大学美术学部建筑专业/1996年毕业于耶鲁大学研究生院建筑学专业/1996年— 2000年就职于青木淳建筑策划事务所/2000年成立干久美子建筑设计事务所/2011年—2016年担任东京艺术大学美术学部建筑专业副教授/2016年至今担任横滨国立大学研究生院Y–GSA教授

东侧视角。3号空中走廊尽头是避难路线用的楼梯

5号楼2层东侧视角。两侧摆放家具

西侧国道视角。内部是宽阔的唐丹湾

釜石市民会馆TETTO （项目详见第38页）

●向导图登录新建筑在线：
http://bit.ly/sk1803_map

所在地：岩手县釜石市大町1丁目1番9号
主要用途：剧场
所有人：釜石市
设计————————
建筑：aat＋makoto yokomizo建筑设计事务所
　负责人：makoto yokomizo　押木加菜*
　　山森满*　佐藤大地*　伊藤干
　　（*原职员）
　协助：AT/LA
　　青岛琢治　吉原悠辉*
结构：Arup
　负责人：金田充弘　德渊正毅
　　伊藤润一郎　樱井克哉
设备：Arup
　负责人：荻原广高　桥田和弘　江口祐美
　　久木宏纪　淡野绫子*
舞台：空间创造研究所
　负责人：草加叔也　田原奈穗子
建筑音响：永田音响设计
　负责人：石渡智秋　和田龙一
防灾：明野设备研究所
　负责人：中岛秀男　岸本文一　日户雪菜
积算：二叶积算
　负责人：斋藤诚　小川悟史　田村宪明
照明：冈安泉照明设计事务所
　负责人：冈安泉　杉尾笃*　浅江有记奈
家具：滕森泰司工作室
　负责人：滕森泰司　石桥亚纪
Sign：DIAGRAM
　负责人：铃木直之

NOMURA PRODUCTS
　负责人：伊藤友美　关矢浩子　塚田聪
数字工程：AnS Studio
　负责人：竹中司　冈部文
纺织品：安东阳子设计
　负责人：安东阳子　山口霞
监理：建筑　AAT＋makoto yokomizo建筑设
　计事务所
　负责人：makoto yokomizo　押木加菜
　　伊藤干　河野航
　协助：AT/LA
　负责人：青岛琢治
　结构·设备：Arup
　负责人：金田充弘　德渊正毅　樱井克
　　哉　桥田和弘　江口祐美　久木宏纪
　　siameitin
　舞台：空间创造研究所
　负责人：草加叔也　田原奈穗子
　建筑音响：永田音响设计
　负责人：石渡智秋和田龙一
施工————————
户田建设·山崎建设特定企业联营体
　负责人：关宏和　山上裕司　佐藤谦司
　　高野刚　小出纮也　阿部佑也
　　油井慧太　大谷昂平　绀野翔太
　　竹川尚宏　中山真一　黑泽弥生
舞台结构：Sansei Technologies
　负责人：原田和人
舞台照明：松村电机制作所
　负责人：茂木充
舞台音响：YAMAHA Sound System
　负责人：小西克畅　森裕太郎
规模————————

用地面积：5293.59 m²
建筑面积：4617.80 m²
使用面积：6980.21 m²
地下1层：114.55 m²
1层：4289.85 m²　2层：1914.18 m²
3层：561.67 m²　4层：99.96 m²
建蔽率：87.23%（容许值：90%）
容积率：131.40%（容许值：400%）
层数：地下1层　地上4层
尺寸————————
最高高度：30 000mm
房檐高度：29 420mm
层高：1层 5260mm　2层 4840mm
　　3层 2950mm　4层 4860mm
顶棚高度：1层 2200 mm～28 400 mm
　　2层 2400 mm～15 300 mm
　　3层 2400 mm～2700 mm
　　4层 2100 mm～2700 mm
用地条件————————
地域地区：商业地区　标准防火区域
　　东部地区灾害危险区域（第2类区域）
　　停车场整备地区
道路宽度：西19.63m　南9.5m　北20m
结构————————
主体结构：钢筋骨架结构　钢筋混凝土结构
　　钢筋骨架混凝土结构
桩·基础：桩基础
设备————————
空调设备
空调方式：会馆A·B：空调箱
　　其他：风冷热泵空调
热源：会馆A·B：中央热源方式　冷温水机
　　其他：电气独立方式

卫生设备
供水：储水箱方式
热水：局部供给热水　燃气热水器　电温水器
排水：建筑内：污水·杂排水合流方式
　　室外：污水·杂排水合流方式
电力设备
供电方式：高压6.6kV1回线供电
设备容量：1850kVA
额定电力：510kW
备用电源：紧急自发电机 350kVA
防灾设备　自动火灾警报设备　紧急播放设备
　　紧急照明　安全指示灯
消防设备　闭式消防喷淋系统（部分辅助报警
　　阀）　开式消防喷淋系统（舞台）　喷
　　水式消防喷淋系统（1层会馆A观众
　　席）　消防应急包（室外广场）　灭火
　　器
排烟设备　机械排烟　自然排烟
升降机　乘客电梯×1台（11人）
舞台设备　舞台结构设备　舞台音响设备　舞
　　台照明设备
工期————————
设计期间：2014年3月—2015年8月
施工期间：2015年11月—2017年10月
工程费用————————
总工费：5700 000 000日元
外部装饰————————
屋顶：ARCHITECTURAL YAMADE　IMAI
　　AGC聚合物建材
外壁：Tajima Roofing　AICA工业　SEKINO
　　兴业　ACHILLES
开口部位：YKK AP　KOMATSU WALL
　　SANWA SHUTTER

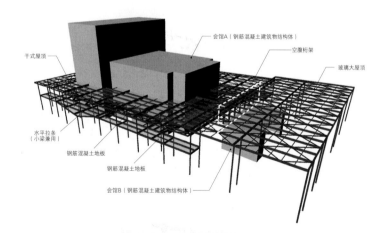

会馆A（钢筋混凝土建筑物结构体）
空腹桁架
玻璃大顶顶
干式屋顶
水平拉条
（小梁兼用）
钢筋混凝土地板
钢筋混凝土地板
会馆B（钢筋混凝土建筑物结构体）

右侧两张图片：室外广场、市民会馆等地到处都设置了圆形椅子、
沙发、桌子等。由藤森泰司工作室（龙谷大学深草校园和颜馆家
具计划）提供
下：设置在2层商业街一侧的日式房间

实现开放式的连续性

　　在灾区物价飞涨的经济状况下，我们为了能合理
地建造出设计师和市民心中理想的建筑和广场而绞尽
脑汁。因其高水位且软弱的地基条件，决定在基础梁
部位采用钢筋骨架结构，同时选用干式屋顶，以减轻
建筑物重量、减少土方工程。考虑混凝土本身具有一
定重量，除对隔音效果有较高要求的A、B会馆以外，
其他地方都尽可能地减少使用。

　　会馆四周由钢筋骨架结构组成，内部采用挑空结
构，从而使整体框架看起来开阔通透，富有轻快感。

　　为了确保水平力可传递至剪力墙，采用了兼具小梁作
用的钢架水平拉条。在A、B会馆中间部位适当地设
置钢架垂直拉条，主要是为了防止重心偏移、减少使用
钢架而做出的新尝试。空腹桁架将广场上方的大顶棚
和B会馆自然连接，减少了大顶棚的地震力影响，无
形中实现了从广场到舞台之间开放式的连续性。

　　　　　　　　　　　（樱井克哉 Arup）

外部：VERDA DECK
露台地面：VITAL DECK
内部装饰————————
会馆A观众席
地面：矢岛木材干燥　C-GATE　东京工营
墙壁：KEYTEC

横沟诚（YOKOMIZO·MAKOTO）
1962年出生于神奈川县/
1984年毕业于东京艺术大
学美术学部建筑专业/1986
年修完同大学研究生院硕士
课程/1988年-2001年就职
于伊东丰雄建筑设计事务所/2001年成立aat+
YOYOMIZO·MAKOTO建筑设计事务所/现任
东京艺术大学美术学部建筑专业教授

七滨町"市民之家·KIZUNA HOUSE" （项目详见第48页）

●向导图登录新建筑在线
http://bit.ly/sk1803_map

所在地：宫城县宫城郡七滨町吉田滨字野山
　　　　5-9七滨町继续教学中心内
主要用途：儿童游乐场所
共同企划：认定特定非营利活动法人Rescue
　　　　　Stock Yard（RSY）
　　　　　特定非营利活动法人Home-for-All
　　　　　七滨町
设计————————
建筑·监理：近藤哲雄建筑设计事务所
　　　　　　结构：金田充弘　樱井克哉
环境设备：清野新
外观：GREEN WISE
　　　负责人：田丸雄一　胜野幸一　木村正
　　　典　高桥琴美
施工————————
建筑：织部精机制作所
　　　负责人：木村仁木　真木彻　山口彻
空调：滨岛电工
卫生：千叶设备工业
电气：东北电化工业
资金合作————————
劳莱克斯
捐助合作————————
全家连锁便利店（family mart）
赞助————————
旭硝子玻璃（AGC）
TOTO卫浴
大光电机
OSMO&EDEL
Tetsuya Japan
SANGETSU
TOSO
YKK AP
SHIBAURA HOUSEE
规模————————
用地面积：1232.15 m²
建筑面积：89.67 m²
使用面积：87.99 m²
建蔽率：7.28%（容许值：70%）
容积率：7.14%（容许值：200%）
层数：地上1层
尺寸————————
最高高度：4540mm
房檐高度：3290 mm～3920mm
顶棚高度：公共空间：2645mm～4115mm
主要跨度：1851mm×4200mm
用地条件————————
地域地区：城市规划区域内　市街化调整地区
道路宽度：西13m　南13m
结构————————
主体结构：木质结构
桩·基础：条形基础　部分独立基础
设备————————

空调设备
空调方式：独立空调
卫生设备
供水：恒压供水
热水：小型烧水壶
排水：污水·杂排水合流方式
防灾设备
排烟：自然排烟
工期————————
设计期间：2015年11月—2016年11月
施工期间：2017年3月—7月
外部装饰
屋顶：C.I.TAKIRON
外壁：旭硝子玻璃（AGC）
　　　Tetsuya Japan
油漆：OSMO&EDEL
内部装饰
公共空间
地板：中藏
墙壁：Tetsuya Japan+ OSMO&EDEL
主要使用器械————————
卫生器材：TOTO
照明器材：大光电机
利用向导
开馆时间：平日11:00～18:00
　　　　　周末节假日10:00～17:00
休馆时间：周一（节假日改为假期结束后一天）
电话：090-9020-58877

近藤哲雄（KONDOU·TETUO）
1975年生于爱媛县/1999年
毕业于名古屋工业大学/
1999年—2006年就职于妹
岛和世建筑设计事务所，
SANAA/2006年成立近藤哲
雄建筑设计事务所/现任庆应义塾大学、东京
理科大学、政法大学、武藏野美术大学特聘讲
师

西北侧看向公共空间。照片左侧隔着玻璃的建筑为继续教育中心

● 向导图登录新建筑在线：
http://bit.ly/sk1803_map

所在地：宫城县本吉郡南三陆町志津川字沼田101（官厅办公楼）
宫城县本吉郡南三陆町歌津字管之浜60（综合办事处）

主要用途：办公楼 综合办事处 公民馆

所有人：南三陆町

设计・监理

久米设计

建筑负责人：五十岚学 新谷泰规
结构负责人：奥野亲正
电气设备负责人：今野安宏
机械设备负责人：氏家纯
PM・CM负责人：萩原芳孝
室内装饰负责人：岛村明良
监理负责人：佐藤正孝

PEAK STUDIO（协助设计）

建筑负责人：小泽祐二 藤木俊大
佐治卓 佐屋香织

标识：MARUYAMA DESIGN
负责人：丸山智也

施工

建筑：钱高・山庄特定建设工程企业联营体
负责人：小野正人 土田直行 今野昭宏 萩原宏之 中村翔马 庄司明男 太田善则 菅原守 三浦智树
空调・卫生・电气：YURTE

■南三陆町官厅办公楼

规模

用地面积：8730.11 m²
建筑面积：2656.75 m²
使用面积：3772.65 m²
1层：2076.20 m² 2层：776.71 m²
3层：776.71 m²
阁楼：42.73 m²
附属楼：100.30 m²
建蔽率：30.44%（容许值：80%）
容积率：42.10%（容许值：200%）
层数：地上3层 阁楼1层

尺寸

最高高度：16 488 mm
房檐高度：16 188 mm

层高：1层：4600 mm 2层、3层：4000 mm
顶棚高度：办公室：2700 mm
主要跨度：12 400×6400 mm

用地条件

地域地区：城市计划区域内（未设定区域划分） 日本《建筑基准法》第22条指定区域
道路宽度：东6 m 西16.55 m
南15.00 m 北15.00 m
停车辆数：100辆

结构

主体结构：钢筋骨架结构 钢筋混凝土结构 木质结构
桩・基础：直接基础 部分地基改良

设备

空调设备

空调方式：地板辐射冷暖系统 低温热水地板采暖 成套空调设备（中央方式/单独方式/穿墙式）
热源：地热热泵 颗粒锅炉

卫生设备

供水：饮用水 非饮用水设备（雨水） 储水箱 加压供水方式
热水：储水式电热水器
排水：生物膜过滤方式合并处理净化槽

电力设备

供电方式：高压6.6kV 1回线供电方式
变压器容量：1Φ3W式 100kVA×2台
3Φ3W式 300kVA×2台
斯科特接线变压器 75kVA×1台
备用电源：柴油发电机130kVA×1台
145kVA×1台（已有设施再利用） 地下燃料箱6000L

防灾设备

防火：室内消防栓设备 灭火器
排烟：自然排烟方式

警报设备 自动火灾报警设备 紧急播放设备

升降机 定员15人乘客电梯 ×1台

工期

设计期间：2015年3月-2015年10月
施工期间：2016年2月-2017年8月

外部装饰

屋顶：三晃金属工业
外壁：AICA-TECH建材
门窗：三协立山 中央钢建

外观：特定非营利活动法人 南三陆

内部装饰

室内广场（MATIDOMA）

地面：LIXIL
天花板：吉野石膏

办公空间

地面：SINCOL LIXIL Hokkaido Parquet
天花板：吉野石膏

会场

地面：TOLI
墙壁：AICA

■歌津综合办事处・歌津公民馆

规模

用地面积：2338.35 m²
建筑面积：1392.07 m²
使用面积：1298.55 m²
建蔽率：59.53%（容许值：70%）
容积率：55.53%（容许值：200%）
层数：地上1层

尺寸

最高高度：5800 mm
房檐高度：4150 mm
顶棚高度：办公室：2700 mm
主要跨度：8100 mm×5400 mm

用地条件

地域地区：城市计划区域外 日本《建筑基准法》第22条指定区域

结构

主体结构：钢筋骨架结构 钢筋混凝土结构 木质结构
桩・基础：地基改良 直接基础

设备

空调设备

空调方式：成套空调设备（中央方式/单独方式） 颗粒锅炉

卫生设备

供水：饮用水 储水箱 加压供水方式
热水：储水式电热水器
排水：生物膜过滤方式合并处理净化槽

电力设备

供电方式：高压6.6kV 1回线供电方式
变压器容量：3Φ3W式 100kVA×1台
3Φ3W式 150kVA×1台
斯科特接线变压器 20kVA×1台

备用电源：柴油发电机 80kVA×1台
地下燃料箱1900L

防灾设备

防火：灭火器
排烟：自然排烟方式

警报设备 自动火灾报警设备 紧急播放设备

工期

设计期间：2015年3月-2015年10月
施工期间：2016年2月-2017年5月

外部装饰

屋顶：三晃金属工业
外壁：AICA-TECH建材
门窗：三协立山 中央钢建
外观：AIR WATER COROCA

内部装饰

室内广场（MATIDOMA）

地面：Hokkaido Parquet
天花板：吉野石膏

会议研修室

地面：Hokkaido Parquet
墙壁：TOLI
天花板：吉野石膏

日式房间

墙壁：SINCOL
天花板：SINCOL

五十岚学（IGARASI・MANABU）
1966年出生于宫城县/1994年毕业于明治大学研究生院理工学研究科建筑学专业，获硕士学位/同年进入久米设计公司/1994年-2008年就职于其总公司设计部/现任其东北分公司副部长

新谷泰规（SINTANI・YASUNORI）
1984年出生于宫城县/2008年毕业于东北大学研究生院工学研究科城市建筑学专业，获硕士学位/同年进入久米设计公司/2012年-2017年就职于其东北分公司/现任该公司城市开发规划部主要调查人

小泽祐二（OZAWA・YUUJI）
1983年出生于长野县/2005年毕业于国立丰田工业高等专业学校建筑专业/2007年毕业于武藏野美术大学造型学院建筑专业/2007年-2014就职于山本理显设计工厂/2015年与他人共同创办PEAK STUDIO/现任该公司董事会成员

藤木俊大（HUJIKI・SYUNTA）
1983年出生于福冈县/2008年毕业于东北大学研究生院工学研究科城市建筑学专业，获硕士学位/2008年-2013就职于山本理显设计工厂/2015年与他人共同创办PEAK STUDIO/现任该公司董事会成员

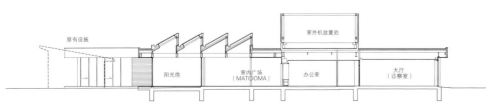

歌津综合办事处・歌津公民馆剖面图 比例尺1:400

石卷市立雄胜小学与雄胜中学 （项目详见第62页）

●向导图登录新建筑在线：
http://bit.ly/sk1803_map

所在地：宫城县石卷市雄胜町大滨字小滝滨
2-2
主要用途：小学与中学
所有人：石卷市

设计

建筑：关空间设计
负责人：渡边宏　江田绅辅　三浦高史
ALSED建筑研究所
负责人：三井所清典　关邦纪　石塚正
和　石黑卓*（*原职员）
结构：关·空间设计
负责人：大村勇
山边结构设计事务所
负责人：山边丰彦　大岛嘉彦
设备：EIS设备设计
负责人：高桥和弘　小野寺彰
外部结构：EKIPU·ESUPASU公司
地基：宏荣顾问
负责人：中井正人　金子训一
木结构房屋隔音设计监修：井上胜夫（日本大
学）
监理：关空间设计
负责人：渡边宏　江田绅辅　三浦高史

施工

建筑：丰和建设·山大特定建设工程企业联营体
丰和建设负责人：黑田雄太郎
山大负责人：今野尊

空调·卫生：晃和工业
负责人：高桥久宪
电力：日本制纸石卷TEKUNO
负责人：石田敬哉
地基·土木：佐藤建设
负责人：阿部辉昭

规模

用地面积：25 524.23 m²
建筑面积：2919.51 m²
使用面积：5148.59 m²
1层：1563.11 m²　2层：1735.06 m²
3层：1850.42 m²
建蔽率：11.43%（容许值：无限制）
容积率：19.95%（容许值：无限制）
层数：地上3层

尺寸

最高高度：17 890 mm
房檐高度：17 370 mm
顶棚高度：普通教室：2750 mm~6230 mm

用地条件

地域地区：城市规划区域　标准城市规划区域外
道路宽度：北12.0m
停车辆数：34辆

结构

结构：普通教学楼：木质结构
管理·特设教学楼：钢筋混凝土结构　一部分
为钢架结构
桩·基础：柱状地盘改良

设备

空调设备

空调方式：制暖：FF式暖气设备
制冷：冷气泵空调独立制冷方式
热源：制暖：煤油
制冷：电力

卫生设备

供水：水槽+泵压式供水方式
热水：燃气热水器/电热水器局部供应
储存热水式电力温水器（普通教室、卫
生间洗脸池等）
排水：净化槽方式　雨水分流方式

电力设备

供电方式：室内密封配电盘（6.6kV 50HZ高
压1回线供电）
设备容量：1φ200kVA　3φ150kVA
额定电力：3φ3W6.6kV 220kW
预备电源：太阳能发电设备10kW（蓄电池
15.0kWh）

防灾设备

防火：室内室外消防栓　灭火器
其他：自动火灾报警设备　消防报警设备
升降机：升降式电梯1台（11人）

工期

设计期间：2014年8月–2015年8月
施工期间：2015年9月–2017年6月

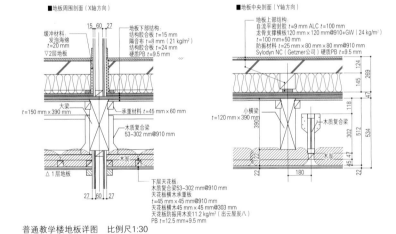

■地板周围剖面（X轴方向）
15,60,27
缓冲材料：
发泡海绵
t=20 mm
▽层地板
地板下部结构：
结构胶合板 t=15 mm
隔音布 t=8 mm（21 kg/m²）
结构胶合板 t=24 mm
硬质PB t=9.5 mm
大梁
t=150 mm×390 mm
承重材料 t=45 mm×60 mm
木质复合梁
53–302 mm@910 mm
△1层地板
下层天花板
木质复合梁53–302 mm@910 mm
天花板横木承重板
t=45 mm×45 mm@910 mm
天花板横木45 mm×45 mm@303 mm
天花板防振用木炭11.2 kg/m²（出云屋炭八）
PB t=12.5 mm+9.5 mm
27,60,27

■地板中央剖面（Y轴方向）
地板上部结构：
自流平密封胶 t=9 mm ALC t=100 mm
龙骨支撑横板120 mm×120 mm@910+GW（24 kg/m²）
t=100 mm+50 mm
防振材料 t=25 mm×80 mm×80 mm@910 mm
Sylodyn NC（Getzner公司）硬质PB t=9.5 mm
小横梁
t=120 mm×390 mm
木质复合梁

普通教学楼地板详图　比例尺1:30

实现木结构良好的隔音性能

为有效隔绝木结构房屋的重地板冲击音，需要用到以下3种
方法：1.阻断浮动地板带来的震动输入；2.使用独立结构的
天花板隔音；3.对天花板进行防震处理以减少震动。按照建
筑学会的隔音标准，我们选用学校建筑"特级"LH-50高
隔音性能标准。经证实，该方法可有效绝绝木结构重地
板冲击音，为学校等公共建筑采用木结构设计提供技术支持。
（井上胜夫/日本大学）

渡边宏（WATANABE·HIROSHI）

1952年出生于茨城县/1976
年毕业于日本东北大学工
部建筑学专业/同年，就职
于"冈设计"/1996年"冈
设计"更名为"关空间设
计"/现任该公司董事长

江田绅辅（EDA·SHINSUKE）

1970年出生于栃木县/1994
年毕业于日本东北大学工
部建筑学专业/同年，就职
于"冈设计"/1996年"冈
设计"更名为"关空间设
计"/现任该公司设计监理部长

关邦纪（SEKI·KUNIMICHI）

1952年出生于长野县/1976
年毕业于日本早稻田大学工
学部建筑学专业/同年，就
职于ALSED建筑研究所工
作/现任该公司东京事务所
所长

石塚正和（ISHIDUKA·MASAKAZU）

1962年出生于长野县/1984
年毕业于日本芝浦工业大学
工学部建筑学专业/同年，
就职于ALSED建筑研究所/
现任该公司总务部长

作手小学与作手交流馆（项目详见第70页）

● 向导图登录新建筑在线：
http://bit.ly/sk1803_map

所在地：爱知县新城市作手高里字绳手上32
主要用途：小学与地区交流设施
所有人：新城市

设计

建筑·监理：东畑建筑事务所
　总务：瓦田伸幸
　建筑负责人：高木耕一　久保久志
　结构负责人：太田原克则　中牟田昌庆
　设备负责人：石桥尚之
　环境负责人：冈本茂　横川彩香*（*原职员）
　体验式讲座负责人：岩田久美子
　监理负责人：林佳史
结构协助·监理：樱设计集团
　结构负责人：佐藤孝浩　池谷聪史　矶野由佳
　Structural Net
　结构负责人：扬原茂雄　野田纮司
设备协助·监理：SHINWA设备设计事务所
　负责人：大桥一夫　白石靖人
防耐火协助：樱设计集团
　负责人：安井升　加来千纮
礼堂音响设计协助：雅马哈
　负责人：宫崎秀生　山下真次郎
社区规划协助：
　内海慎一（Studio-L）　别府拓也
　田中MINORU（PARABORA舍设计公司）
名称设计协助：
　桥本雅好　伊藤绫那（原椙木女学园大学桥本雅好研究室成员）
设计协调员：
　笠井尚（名城大学人类学院）
　堀部笃树（〇〇建筑体验式讲座讲师）

施工

建筑：波多野组·三河建设工业特定建设工程企业联营体
　负责人：岩本义仁　铃木拓磨　佐藤优太
电力：神钢电机
　负责人：夏目佳典
机械：大建
　负责人：森田好宣
外部结构：松井建拓
　负责人：盐野喜大
标识协助：
　稻菱技术　负责人：富田一男
　陶额堂　负责人：井上匡史

规模

用地面积：16 106.53㎡
建筑面积：4827.51㎡（小学3336.80㎡、交流馆1310.10㎡）
使用面积：4532.35㎡（小学3197.53㎡、交流馆1168.93㎡）
建蔽率：29.97%（容许值：无限定）
容积率：28.13%（容许值：无限定）
层数：地上1层

尺寸

最高高度：12 240mm
房檐高度：11 640 mm
顶棚高度：普通教室　平均4735mm
主要跨距：7280mm × 7280mm

用地条件

地域地区：城市规划区域外　无地域限定
道路宽度：南9.5m

结构

主体结构：木质结构　一部分为钢筋混凝土以及钢架结构
桩·基础：桩地基

设备

环保技术

屋顶墙壁高度隔热　双层玻璃（开口部）水泥过道蓄热
高窗（增强通风效果，自然采光）使用当地建材实现木质装修　LED照明
节水型卫生器具　建筑用地绿化

空调设备

空调方式：礼堂：中央热源方式
　其他：冷气泵空调制冷方式
热源：冷气泵冷却装置　EHP冷却器

卫生设备

供水：加压供水方式　木质水槽（日本木槽木管）
热水：局部方式
排水：分流方式

电力设备

供电方式：3φ3W6600V
设备容量：450kVA
额定电力：270kVA
预备电源：3φ3W210V 135kVA

防灾设备

防火：室内消防栓
排烟：礼堂：机械排烟方式
　其他：自然排烟方式

特殊设备

礼堂：舞台音响设备　舞台灯光设备

工期

设计期间：2012年12月—2015年3月
施工期间：2015年10月—2017年3月

主要使用器械

卫生器材：TOTO
照明器材：松下
空调器械：大令工业

利用向导

作手交流馆
开馆时间：8:30~22:00（晚上8点后无预约的情况下8点闭馆）
休馆时间：星期二（节假日改为假期结束后一天）
门票：免费（部分场地收费）
电话：0536-37-2269

瓦田伸幸（KAWARADA·NOBUYUKI）
1957年出生于大阪府/1980年毕业于京都工艺纤维大学工学院居住环境系，后就职于东畑建筑事务所/现任该公司名古屋办公所所长

高木耕一（TAKAGI·KOUICHI）
1970年出生于爱知县/1988年毕业于名古屋市立工艺高中建筑学专业/同年，就职于东畑建筑事务所/现任该公司名古屋办公所设计室室长

久保久志（KUBO·HISASHI）
1980年出生于奈良县/2003年毕业于三重大学工学部建筑学专业/2005年修完三重大学研究生院工学研究科建筑专业博士前期课程/同年，就职于东畑建筑事务所/现任该公司名古屋办公所设计室主任技师

安井升（YASUI·NOBORU）
1968年出生于京都/1991年毕业于东京理科大学理工学院建筑系/1993年修完东京理工大学理工研究建筑学专业硕士课程/1993年—1998年就职于"积水house"/1999年创立樱设计集团/2004年获得早稻田大学理工学研究科建筑学博士学位/现任早稻田大学理工学研究所研究员，NPO木之建筑FORAMU理事，NPO法人team Timberize副理事长

佐藤孝浩（SATO·TAKAHIRO）
1975年出生于北海道/2000年工学院大学工学研究科建筑学专业毕业，此后就职于结构设计集团SDG/2005年担任东京大学生生产技术研究所腰原研究室助理/2009年至今担任NPO法人team Timberize理事/2010年至今就职于樱设计集团

内海慎一（UTUMI·SHINICHI）
1983年出生于爱知县/2007年毕业于庆应大学环境信息学院/此后就职于日本电通公司/2012年至今就职于studio-L/目前的主要身份是社区规划师

1：普通教学楼天花板。考虑作手的气候夏凉（早晚温差大）冬寒（白天气温上升不明显），故采用设置高窗以增强自然通风效果等一系列环保技术。在此基础上使用LED照明，缩减运行成本
2：特设教室（美术室）。与交流馆的烹调教室（详见第77页）相同，天花板采用木桁架结构
3：体育馆木结构、钢架与钢筋混凝土结构接合处。于水平方向嵌入钢架材料

京都府立京都学・历彩馆〔项目详见第78页〕

●向导图登录新建筑在线：
http://bit.ly/sk1803_map

所在地：京都府京都市左京区下鸭半木町1—5
主要用途：大学公共设施
所有人：京都府

设计
建筑・监管：饭田善彦建筑工房
　负责人：饭田善彦　八板晋太郎*
　（*原职员）
　渡边文隆　横川天香　吉田祐介
结构：Plus One结构设计
　负责人：金田胜德　早稻仓章悟　藤木
　崇弘
设备：综合设备企划
　负责人：田中稔*　神谷博行*　三轮
　诚司*　泷严　铃木智仁　三浦学　远
　藤二夫
景观计划：KITABA Landscape
负责人：齐藤浩二　佐藤润子
设计：Hiromura Design Office（广村设计事
　务所）
　负责人：广村正彰　阿部航太
照明：冈安泉照明设计事务所
　负责人：冈安泉　杉尾笃*

施工
建筑：竹中工务店・增田组・Amerikaya特定
　建设工程企业联营体
　负责人：石田和広　增井大洋　大槻宪弘
　笠义秀　古川英树　大野敏典　东茂树
　国领俊晃　山田宏树　加藤裕之　西村
　委干　镰田政幸　中翔吾　田中邦明
空调・卫生：中川工业所・春日设备工业・桥
　本设备特定建设工程企业联营体
　负责人：山本周
电力：光星电工・富士设备工业・中岛电气工
　事特定建设工程企业联营体
　负责人：平井正登志

规模
用地面积：116 932.79 m²
建筑面积：6716.04 m²
使用面积：23 940.68 m²
地下2层：4975.043 m²　地下1层：4899.326 m²

第1层：5651.487 m²　第2层：4233.747 m²
第3层：2896.734 m²　第4层：1240.525 m²
阁楼：43.818 m²
建蔽率：24.68%（容许值：60%）
容积率：58.92%（容许值：200%）
层数：地下2层　地上4层

尺寸
最高高度：18 430 mm
房檐高度：18 220 mm
层高：3300 mm～4800 mm
顶棚高度：2500 mm～3950 mm
主要跨度：9600 mm×9600 mm

用地条件
地域地区：市区化地区　无防火制定区域
　依山造景区　远景保护区域　第一种高
　度地区20 m
道路宽度：东14.73 m
停车辆数：37辆

结构
主体结构：钢架钢筋混凝土结构　一部分为钢
　筋混凝土结构
桩・基础：钢管桩

设备
环保技术
　太阳光发电　100 kW相当　自然采光　自然
　　换气　LED照明　锌复合板双层屋顶
CASBEE：A
空调设备
空调方式：
　仓库：空调送风管调风方式
　阅览空间、开架式书架等：热力泵空调方
　　式
　研究室、研讨室等：单独热力泵空调方
　　式
热源：
　仓库：燃气吸收式冷温水机
　阅览空间：热力泵空调方式
　研究室、研讨室等：单独热力泵空调方
　　式
卫生设备
供水：储水槽＋加压供水方式
热水：电力独立供热
排水：自然排水方式

电力设备
供电方式：高压供电
变压器容量：2350 kVA
防灾设备
防火：仓库、展示室：特殊气体灭火装置（哈
　龙气体灭火）
　地下楼层：封闭式灭火设备
　地上楼层：室内消火栓设施
排烟：换气排烟用开关窗系统
其他：太阳能发电设备106 kW相当　雨水过
　滤设备
升降机：乘用电梯×5台
　（1号、4号：13人　45 m/min
　2号：9人　45 m/min
　3号：13人　60 m/min
　5号：11人　45 m/min）
　人货两用电梯×1台

工期
设计期间：2011年10月—2012年12月
施工期间：2013年8月—2016年7月

外部装饰
屋根：GANTAN BEAUTY
飞檐：耐水仕样　朝日木材
外壁：理研轻金属工业　NOZAWA商务株式
　会社　Nihon Parkerizing
开口部：LIXIL

内部装饰
仓库（地下室）
墙壁：UBE BOARD
展示空间（1层）
墙壁・屋顶：Sangetsu SG-1827
研讨会室（1层）
地板：WEBART
墙壁：JFE钢板
讲堂（1层）
墙壁・屋顶：三菱树脂
入口大厅（1层）
墙壁：理研轻金属工业
普通阅览空间（2层）
地板：SUMINOE
墙壁：理研轻金属工业
研究室（3、4层）
墙壁：RUNON

利用向导
开馆时间：工作日　9:00～21:00
　休息日　9:00～17:00
休馆时间：节日、每月第2个星期三、年末年
　初（12月28日～1月4日）、藏书整理
　期间
入馆费用：免费
电话：075-723-4831

左：晶格结构近景/右：扶手近景。不锈钢制作而成的折叠金属丝扶手。菱形状铁丝网，和网状晶格结构相似

饭田善彦（IIDA・YOSHIHIKO）
1950年生于埼玉县/1973年毕业于横滨国立大学工学部建筑学科/之后就职于策划设计工房（谷口吉生，高宫真介）、建筑策划（共同：元仓真琴），于1986年设立饭田善彦建筑工房/2007年—2012年就任横滨国立大学研究生院建筑都市学校Y-GSA教授/现任JIA神奈川代表，法政大学大学院客座教授/2012年将Archiship Library&Cafe并入自己的设计事务所

教养教育共同化设施“稻盛纪念会馆” （项目详见第94页）

●向导图登录新建筑在线
http://bit.ly/sk1803_map

所在地：京都市左京区下鸭半木町1-5
主要用途：学校
所有人：京都府

设计

久米设计
总负责人：安东直
建筑负责人：木下卓哉　沼田典久　阪野壮登
结构负责人：千马一哉　奥野亲正
机械负责人：增田哲男　山田大祐
电力负责人：千叶年彦　出野努
监管负责人：梅田幸一　泽野优*
（*原职员）

施工

建筑：松村・中川・平和特定建设工程企业联营体
负责人：戎野荣造　黑田肇
机械：新日本空调・影近特定建设工程企业联营体
负责人：小守一夫　久保田圭一
电力：八千代・关西特定建设工程企业联营体
负责人：大江武志　村松靖夫
电梯：日本电梯制造

规模

用地面积：117 023.86 m^2
建筑面积：3811.044 m^2
使用面积：9088.736 m^2
地下1层：158.844 m^2　1层：3243.866 m^2
2层：2883.596 m^2　3层：2779.687 m^2
阁楼：22.743 m^2
标准层：3243.866 m^2
建蔽率：3.26%（容许值：60%）
容积率：7.77%（容许值：200%）
层数：地上3层

尺寸

最高高度：14 030 mm
房檐高度：13 430 mm
层高：标准层：4500 mm
顶棚高度：2800 mm
吊顶：2950 mm~3650 mm
主要跨度：5400 mm × 14 475 mm

用地条件

地域地区：第2种中高层居住专用区域、20 m第1种高度地区、无防火指定、山脉背景型建造物修景地区、风致4种、近景设计保全区域、远景设计保全区域、眺望空间保全区域
道路宽度：东12 m　南8 m

结构

主体结构：钢筋混凝土结构 一部分为PCAPC结构
桩・基础：天然地基

设备

环保技术
调节阳光照射（房檐、薄型柱子、气泡阻挡层），自然换气（各向同性中空球体空隙ECOVOID），地辐热利用（接地导管），井水・雨水利用，潜热显热分离空调（DEJKANT外气处理空调），居住区域空调（地板式送风空调系统），外气导入量适当调节BEMS+数字标牌（可视化）
CASBEE：A级（BEE=2.3），PAL=261.9MJ/年m^2

空调设备
空调：DEJKANT外气处理空调+组合型空调（地板式送风）
热源：热泵式全热回收空调　GHP　EHP

卫生设备
供水：高位水箱+加压供水方式（饮用水：市政供水，杂用水：井水+雨水）
热水：单独供应热水方式（电力、城市煤气）
排水：污水・杂排水合流方式（一般系统、厨房系统、实验室系统）

电力设备
供电方式：3 φ 3W/6.6kV1回线供电
设备容量：1400kVA

防灾设施
应急照明・引导灯・应急广播设备・自动火灾报警设备
防火：室内消火栓设备　简易自动灭火设备
电梯：人货两用电梯（限载人数22人）× 1台

工期

设计期间：2011年3月~2012年3月
施工期间：2012年10月~2014年6月

外部装饰

屋顶：屋顶平台：田岛屋顶株式会社
外墙壁：CERATEC株式会社
PC柱子・房檐：CERATEC株式会社
填缝PC板、彩色涂装：大日技研工业
开口部分：避风室：三和TAJIMA株式会社
门厅、楼梯间：LIXIL
教室：LIXIL

内部装饰

门厅
地面：TAJIMA
长走廊
地板：住江织物
教室
地板：住江织物
实验室
地面：TAJIMA

安东直（ANDOU・SUNAO）

1958年出生于福冈县/1982年于早稻田大学理工学院建筑学毕业后，就职于久米设计公司/现为该公司常务执行理事・设计本部设计长兼副本部长

木下卓哉（KINOSHITA・TAKUYA）

1963年出生于兵库县/1989年于京都工艺纤维大学建筑学毕业后，就职于久米设计公司/现为该公司大阪分公司副部长

沼田典久（NUMATA・NORIHISA）

1973年出生于兵库县/1996年毕业于京都大学工学院建筑学专业/1998年在京都大学研究生院工学研究科攻读生活空间学，取得硕士学位后，就职于久米设计公司/现为该公司大阪分公司主管

京都女子大学图书馆 （项目详见第102页）

●向导图登录新建筑在线
http://bit.ly/sk1803_map

所在地：京都府京都市东山区今熊野北日吉町35
主要用途：大学（图书馆）
所有人：京都女子大学

设计

设计・监管：佐藤综合计划
建筑负责人：鸣海雅人　渡边猛
牛込具之　筱元贵之
结构负责人：渡边朋宏
设备负责人：志贺一鉴　星野厚志
石原广司
中川都市建筑设计（NAKAGAWA DESIGN ARCHITECT）安田工作室（Yasuda Atelier）
负责人：安田幸一　北田明裕　丸山耕一
菊地航*　保坂整*
合作方：千谷翔*　杉野宏树*
高桥NATSUMI*　铃木春奈*
藤原纪沙*
（*为原东京工业大学安田幸研究室的研究生）
结构：金箱构造设计事务所
负责人：金箱温春　白桥祐二
LANDSCAPE　LANDSCAPE+
负责人：平贺达也　村濑淳
家具：藤江和子工作室
负责人：藤江和子　野崎MIDORI
标牌：氏设计
负责人：前田丰　平贺美沙子

施工

鹿岛建设
建筑负责人：松田康史　中田洋二
田野畑月人　佐藤启二　法桥笃
坂本州也　西尾萌　菊池AYA
空调・卫生・电力・电梯负责人：
加藤诚　木下正洋　福地真由子
施工图负责人：冈野真由美

规模

用地面积：12 455.86 m^2
建筑面积：2572.25 m^2
使用面积：8196.50 m^2（单人户型）
地下2层：2351.16 m^2
地下1层：1550.12 m^2
1层：1667.53 m^2　2层：1437.22 m^2
3层：635.79 m^2　4层：554.68 m^2
建蔽率：51.33%（容许值：60.00%）
容积率：193.06%（容许值：200.00%）
层数：地下2层　地上4层

尺寸

最高高度：14 731 mm
房檐高度：12 141 mm
层高：2800 mm~5950 mm
地下2层：5950 mm　地下1层：3850 mm
1层：3150 mm　2层：2800 mm
3层：2800 mm　4层：2450 mm

用地条件

地域地区：15m第1种高度地区、风致地区第4种5种、山麓美观地区、远景设计保护区域、开拓住宅用地规制区域、下水处理区域
道路宽度：南6 m

结构

主体结构：钢架结构　一部分为钢筋混凝土结构〔柱头减震结构（智慧之仓）〕
桩・基础：直接地基（一部分为地基改良桩）

设备

空调设备
热源：GHP冷却装置（中央热源）GHP（独立热源）
空调：自由阅览区域及空地：全送风管地板式送风

东京站丸之内站前广场改造 （项目详见第112页）

●向导图登录新建筑在线：
http://bit.ly/sk1803_map

所在地：东京都千代田区丸之内1-9
主要用途：站前广场
订购方：东日本旅客铁路公司

设计

土木・建筑：东京站丸之内广场改造设计企业联营体（JR东日本咨询公司・JR东日本建筑设计事务所）
负责人：JR东日本咨询公司：松泽博　小林茧美
JR东日本建筑设计事务所：佐藤武　榎木理人　田中克昌　小泽知也　金子敦　内田直尚　秋山裕之
日建设计Civil
负责人：松村大吉　石川稔
LANS设计研究所
负责人：北岛佳浩　二宫尚广
小野寺建筑设计事务所
负责人：小野寺康
南云设计　负责人：南云胜志

施工

土木：鹿岛建设
负责人：大北善之　尾崎友哉　杉山正志
成田弘冴　村上麻优子　高桥直树
篦津杏奈　中岛美咲
建筑：鹿岛建设
负责人：川端弘树　木村努　北添忠彦
田中哲也
卫生：西原卫生　负责人：西村修一郎
电力：日本电设工业　负责人：土岐哲彦

规模

用地面积：18 700 m^2
层数：地上1层

尺寸

■玻璃停靠站
最高高度：3730 mm
房檐高度：3730 mm
■楼梯棚子
最高高度：3940 mm
房檐高度：3650 mm

用地条件

地域地区：商业地区　防火地区
停车辆数：113辆（出租车停靠站，出租车、公交乘降所）

结构

主体结构：钢筋结构

设备

环保技术：草坪：洒水系统
特殊设备：柱杆灯

工期

设计期间：2013年9月— 2018年1月
施工期间：2015年4月— 2018年2月

单间：GHP（独立热源）及风机盘管（FCU）

卫生设备

供水：高位水箱+自动供水泵组合件

排水：重力+加压泵排水方式，污水·雨水屋
外分流

电力设备

供电方式：高压6.6kV 1回线供应

防灾设施

防火：室内消火栓设备　联结喷淋设备　聚四
氟乙烯1301灭火设备（哈龙银行使
用）

电梯：限乘13人（60 m/min）×2台
限乘13人（45 m/min）×1台
限乘9人（45 m/min）×1台

工期

基本设计期间：2012年8月—2013年2月
实施设计期间：2013年3月—2014年9月
施工期间：2015年1月—2017年2月

内部装饰

智慧之仓

地面：川岛织物SELKON

交流之地

地板：TAJIMA株式会社

能动学习区域·多媒体公共区域

地板：TAJIMA株式会社

其他

阅览座席数：843个（包含休闲学习区域）
书籍容纳量：约956 000册（自由阅览书架约
320 000册，申请阅读书架36 000册
+600 000册（自动化书库））

利用向导

开馆时间：参照京都女子大学图书馆主页
URL: http://www.kyoto-wu.ac.jp

安田幸一（YASUDA·KOUICHI）

1958年出生于神奈川县
/1981年毕业于东京工业大
学工学院建筑系/1983年在
该大学研究生院取得硕士学
位/1983年—2002年就职于
日建设计/现任东京工业大学研究生院教授和
安田工作室带头人

渡边猛（WATANABE·TAKESHI）

1965年出生于兵库县/1990
年于神户大学研究生院工学
研究科毕业后，就职于佐藤
综合计划/现为该公司第2设
计室长

书架、桌子、椅子的设计师为藤江和子女士

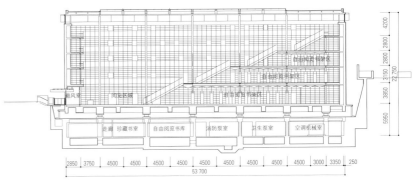

"智慧之仓"纵向剖面图　比例尺 1:700

筱原修（SHINOHARA·OSAMU）

1945年出生于神奈川县/1968年毕业于东京大
学工学院/1971年取得东京大学工学硕士学位/
同年进入Urban Industry公司工作/1975年任
东京大学农学院林学系助教/1980年取得东京
大学工学博士学位，同年任建筑省土木研究所
道路部主任研究员/1986年任东京大学农学院
林学系副教授/1991年任东京大学研究生院工
学系研究科社会基础学专业教授/2006年任东
京大学名誉教授/同年任政策研究研究生院大
学教授/2011年任政策研究研究生院大学名誉
教授

内藤广(NAITOU·HIROSHI)

1950年出生于神奈川县/1974年毕业于早稻田
大学理工学院建筑系/1976年在早稻田大学研
究生院（吉阪隆正研究室）取得硕士学位
/1976年–1978年就职于Fernand Higueras建
筑设计事务所/ 1979年–1981年就职于年菊竹
清训建筑设计事务所/1981年成立内藤广建筑
设计事务所/2001年–2002年任东京大学研究
生院工学系研究科社会基础学副教授/2003年
–2011年任东京大学研究生院教授/2011年任
东京大学名誉教授

左：从行幸街看向东京站/右：从Tokyo Station Hotel（东京站酒店）总统套房望去，广场和行幸街景观尽收眼底（Tokyo Station
Hotel: 03-5220-1111 HP: https://www.tokyostationhotel.jp/）

筑地本愿寺境内建设　咨询中心·公墓（项目详见第122页）

● 向导图登录新建筑在线:
http://bit.ly/sk1803_map

所在地: 东京都中央区筑地3-15-1
主要用途: 寺院
所有人: 筑地本愿寺
设计
三菱地所设计
　　总负责人: 宫地弘毅
　　项目负责人: 永田康明
　　设计主管: 长泽辉明
　　建筑负责人: 李一纯
　　结构负责人: 东和彦　近藤千香子
　　电力负责人: 桑田诚　樋口义树
　　机械负责人: 国分悟*（*原职员）稻叶里美
　　外部结构负责人: 塚本敦彦　松尾教德
　　监理负责人: 冈田撤夫
　　施工负责人: 木浦信贵
　　预算负责人: 山口政成　滨崎翔平
咖啡厅照明设计合作商: Plus y
　　负责人: 安原正树
施工
建筑: 松井建设
　　负责人: 菅沼利幸　须长真之　穗积寿和　久保田修司
空调卫生: AIREX
　　负责人: 饭栖至孝
电力: 雄电社
　　负责人: 大通晃树
FF&E: 内田洋行
　　负责人: 星野刚文　牧野夏铃
规模
用地面积: 19 526.61 m²
建筑面积: 6842.37 m²（全体）
使用面积: 14 802.25 m²（全体）
建蔽率: 35.05%（许可值: 90%）
容积率: 75.54%（许可值: 527.11%）
咨询中心
1层: 628.64 m²　2层: 223.91 m²
阁楼: 31.90 m²
层数: 地上2层　阁楼1层
公墓
地下1层: 252.80 m²　1层: 100.73 m²
层数: 地下1层　地上1层
尺寸

咨询中心
最高高度: 34 540 mm（主殿、咨询中心）
房檐高度: 9100 mm
层高: 咨询中心、咖啡厅: 5000 mm
顶棚高度: 咨询中心、咖啡厅: 3900 mm
主要跨度: 8400 mm×7200 mm
公墓
房檐高度: 5040 mm
用地条件
地域地区: 商业地区　防火地区　筑地地区地
　　　　　区规划区域
道路宽度: 西33 m　南10 m　北16.4 m
结构
咨询中心
主要结构: 钢筋结构　一部分为钢筋混凝土结构
桩·基础: 桩基础
公墓
主要结构: 钢筋混凝土结构　一部分为钢筋结构
桩·基础: 直接地基
设备
空调设备
空调方式: 多联机风冷热泵柜式空调
热源: 电力
卫生设备
供水: 高位水箱供水方式
热水: 电力局部供应热水方式
排水: 污水·杂排水合流方式
电力设备
供电方式: 3φ3W6.6Kv 50Hz
设备容量: 450kVA（增建部分）
防灾设备
防火: 灭火器
排烟: 自然排烟
其他: 自动火灾报警设备　应急照明设备　指
　　示灯设备
工期
设计期间: 2015年11月—2016年10月
施工期间: 2016年12月—2017年10月
外部装饰
咨询中心
屋顶: 昭和洋樽制作所
外墙: LIXIL　NOZAWA　GRIT
开孔处: YKK AP
公墓
屋顶: 三晃金属工业
外墙: GRIT

开孔处: YKK AP
外部结构: GRIT　昭和洋樽制作所
　　　　LIXIL　Taiheiyo Precast Concrete
　　　　日本兴业
内部装饰
咨询中心、咨询台、咖啡厅
地板: 昭和洋樽制作所
墙: AICA工业
天花板: HAMAYA
多功能室
地板: TOLI
天花板: 吉野石膏
公墓
参拜厅
地板、墙: GRIT
天花板: YKK AP　HAMAYA
回廊
地板、墙: GRIT
天花板: HAMAYA

主殿
1层休息室
地板: 川岛织物SERUKON
墙壁: LIXIL
2层外殿
地板: Nichiman
利用向导
筑地本愿寺
http://tsukijihongwanji.jp/

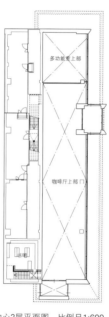

咨询中心2层平面图　比例尺1:600

上: 转移分散在寺内的石碑，新建了一条可以领略筑地本愿寺历史的步行道
下: 咨询中心内部空间展示图

Grand Mall公园重建（项目详见第130页）

● 向导图登录新建筑在线:
http://bit.ly/sk1803_map

所在地: 神奈川县横滨市西区MINATOMIRAI 3
主要用途: 公园
所有人: 横滨市环境创造局公园绿地整备科
设计
景观设计: 三菱地所设计
　　负责人: 植田直树　津久井敦士
设备: 三菱地所设计
　　负责人: 西泽幸司
实施设计合作·监理监管
　　STUDIO GEN KUMAGAI
　　负责人: 熊谷玄　伊藤祐基　渡边聪美
实施照明设计合作·监理监管
　　TOMITA LIGHTING DESIGN OFFICE
　　负责人: 富田泰行　南云祐人*（*原职员）
施工
人造公园

美术广场: 第1期
　　景观设施等: SAKATA Seed·田口园艺JV
园地整备1: 滨田园·Araigreen JV
美术广场以外区域: 第2期
　　园地整备2: 滨田园·泰山园JV
　　园地整备3: 横滨植木
电力
美术广场: 第1期
美术广场以外地区: 第2期
　　园地整备2: 滨田园·泰山园JV
　　园地整备3: 横滨植木
电力
美术广场: 第1期
器械
美术广场: 第1期
　　器械设备工程1: 金子moriya特别JV
美术广场地区以外: 第2期
　　器械设备工程2: 兴和工业

规模
用地面积: 23 102 m²（公园整体）
外部装饰
铺路: 阿曾石材　宫崎高砂工业
侧沟: 第一机材
家具: Sakae　Suntec　Apex　国代耐火工业所
　　Nulikan　池上产业　Comworkstudio
雨水贮留碎石·植物栽种基础材料·植栽资
　　材: 东邦toho-leo
植被: SAKATA Seed　住友林业绿化
照明: 岩崎电气　松下
水景: WATER DESIGN

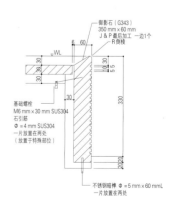

长椅水盘接合部详图　比例尺1:12

永田康明（NAGATA·YASUAKI）

1966年出生于福冈县/1989年毕业于九州大学工学院建筑系/1989年—2001年就职于三菱地所/2001年就职于三菱地所设计/现任三菱地所设计建筑设计一部组长

长泽辉明（NAGASAWA·TERUAKI）

1975年出生于东京都/2000年获得东京大学研究生院建筑学硕士学位/2000年—2001年就职于三菱地所/2001年就职于三菱地所设计/现任三菱地所设计建筑设计一部主创建筑师

李一纯（LI·YICHUN）

1988年出生于上海市/2014年获得东京工业大学研究生院建筑学硕士学位/2014年就职于三菱地所设计/现就职于三菱地所设计建筑设计一部

松尾教德（MATSUO·MICHINORI）

1958年出生于佐贺县/1982年毕业于东京农业大学造园系/1982年—1989年就职于共同计划、环境事务所/1989年—2007年就职于MECDESIGN INTERNATIONAL /2007年就职于三菱地所设计/现就职于三菱地所设计城市环境计划部

● 向导图登录新建筑在线：
http://bit.ly/sk1803_map

所在地：滋贺县草津市
主要用途：A栋 餐厅 B栋 热瑜伽
　　　　　　C栋 餐厅
所有人：草津城市建设

设计

建筑 森下建筑综合研究所/Osamu Morishita Architect & Associates
　负责人：森下修 田岛庸贵*（*原职员）
　Sasicha Sakdawattananon
结构：Plus One结构计划
　负责人：金田盛德 小林和子
设备：AZU
　负责人：杉山和良 国松优纪
监理 森下建筑综合研究所/Osamu Morishita Architect & Associates
　负责人：森下修 田岛庸贵*
　AZU（设备）
公园装潢计划、景观：EDESING
　负责人：忽那裕树 山田匡
整体调整：地区计划建筑研究所
　负责人：三木健治 堂本健史
租户内部装修设计：AB栋：AZU
　　C栋：BALNIBARBI

施工
建筑：内天组
担当：栾原和士 村林克洋
空调·卫生：关西设备工业
电力：中岛电业所所

规模
用地面积：A栋：181.29 m² B栋：634.35 m²
　　C栋：674.25 m²
建筑面积：A栋：62.27 m² B栋：324.43 m²
　　C栋：209.01 m²
使用面积：A栋：58.00 m² B栋：314.00 m²
　　C栋：201.43 m²
1层：A栋：58.00 m² B栋：314.00 m²
　　C栋：201.43 m²
建蔽率：A栋：34.35% B栋：51.15%
　　C栋：31.00%（容许值：80%）
容积率：A栋：40.00% B栋：49.50%
　　C栋：29.88%（容许值：400%）
层数：地上1层

尺寸
最高高度：A栋：5525 mm B栋：7800 mm
　　C栋：7800 mm
层高：2270 mm（各栋）
顶棚高度：A栋：2100 mm～4200 mm
　　B栋：2100 mm～6400 mm
　　C栋：2100 mm～6400 mm
主要跨度：A栋：5620 mm×11 080 mm
　　B栋：11080 mm×29 280 mm
　　C栋：11 080 mm×18 360 mm

用地条件
地域地区：商业地区 日本《建筑基准法》第22条指定区域
　草津川遗址公园（区间5）
道路宽度：各建筑用地均与中心部7m指定道路相连接
停车辆数：临近草津川遗址公园停车场

结构
主体结构：钢筋桁架结构
桩·基础：板式基础

设备
环保技术
天窗自然采光 应用烟囱效应调节气流
利用地面混凝土蓄热
空调设备
空调方式：气冷热泵空调方式
　（租户施工）
卫生设备

供水：自来水管直接供水方式
热水：租户施工
排水：分流方式
　厨房排水油脂分离器设置
电力设备
供电方式：高压统一供电
设备容量：350kVA
防灾设备
防火：自动火灾报警设备（B栋） 指示灯应急照明 消防器材
排烟：自然排烟
其他：燃气设备
工期
设计期间：2016年1月—8月
施工期间：2016年8月—2017年4月
外部装饰
外观：Taiheiyo Precast Concrete
内部装饰
天花板：Koa wood · wood cement board
利用向导

开馆时间
A栋：11:00-21:00
B栋（KARUDO草津）：10:00-22:30（星期六10:00-20:00） 星期四闭馆
C栋 （SUNDAY'S BAKE RIVER GARDEN）：
　11:00-23:00（星期五·星期六至11:00-23:30）

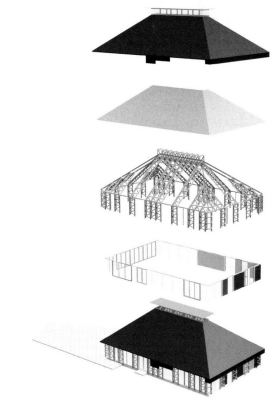

结构图

植田直树（UEDA·NAOKI）

1965年出生于东京/1989年毕业于东京大学农学部绿地学研究室/现任三菱地所设计都市环境策划部景观设计室长

津久井敦士（TSUKUI·ATSUSHI）

1977年出生于群马县高崎市/1999年毕业于日本大学农兽医学部农学专业/现任三菱地所设计都市环境策划部首席策划人

森下修（MORISHITA·OSAMU）

1962年出生于千叶县/1989年毕业于早稻田大学理工学部建筑专业/1987年修完早稻田大学研究生院硕士课程/1987年—1999年就职于竹中工务店设计部/2000年成立森下建筑综合研究所/2000年—2005年担任早稻田大学特聘讲师/2006年—2010年担任大阪大学特聘教师/现任该公司董事长，同时担任关西大学特聘讲师

逗子市第一运动公园重建（项目详见第144页）

● 向导图登录新建筑在线：
http://bit.ly/sk1803_map

所在地：神奈川县逗子市池子1
主要用途：礼堂（体验式学习设施）
所有人：逗子市
设计
建筑·设备：伊藤宽工作室
　　负责人：伊藤宽　平松久典
　　建筑合作：大成优子建筑设计事务所
　　负责人：大成优子
　　伊森增田Architects
　　负责人：增添多加男
景观：Lysning Landscape Architects
　　负责人：林英理子　中里浩
结构：NAWAKENJI-M
　　负责人：名和研二　森永信行
监理　安井建筑设计事务所
施工
建筑：渡边组
机械：须贺工业
电力：东洋电装
规模
用地面积：55 576.05 m²
建筑面积：2566.38 m²
使用面积：2550.16 m²
建蔽率：5.43%（容许值：12%）
容积率：5.47%（容许值：200%）
层数：地上1层
尺寸
最高高度：8582 mm
层高：7944 mm
顶棚高度：多功能室：9200 mm
主要跨度：2965 mm×1765 mm
用地条件
地域地区：第一类住宅区　地区公园　日本《建
　　筑基准法》第22条指定区域
道路宽度：东11 m　南11 m
停车辆数：110辆
结构

主体结构：钢筋结构　一部分为钢架钢筋混凝
　　土结构
桩·基础：桩基础（法兰钢管桩）
设备
空调设备
空调方式：风冷热泵空调方式
热源：电力
卫生设备
供水：储水箱+加压供水泵装置方式
热水：局部式（燃气热水器）
排水：公共下水道
电力设备
供电方式：高压供电方式
设备容量：300 kVA
防灾设备
防火：组合式灭火设备
排烟：自然排烟
其他：燃气设备火灾自动报警设备　太阳能发
　　电设备
工期
设计期间：2010年7月-2012年3月
施工期间：2012年12月-2014年3月
利用向导
营业时间：9:00-20:00
休息时间：体验学习设施：星期二

伊藤宽（ITOU·HIROSHI）

1956年出生于长野县/1979年毕业于神奈川大学工学院建筑专业/1979年-1982年就职于长谷川敬工作室/1982年-1984年就职于小宫山昭+工作室R/1985年-1988年修完早稻田大学研究生院硕士课程/1986年-1987年获得米山财团奖学金，留学于米兰工科大学/1988年成立伊藤宽工作室/现任京都造型艺术大学研究生院教授/现任武藏野美术大学建筑专业特聘讲师

林英理子（HAYASHI·ERIKO）

1994年毕业于武藏野美术大学建筑专业/1996年修完武藏野美术大学研究生院硕士课程/1997年-1998年于丹麦王立艺术科学院建筑学院学习景观设计/1998年-2006年Jeppe Aagaard Andersen Landscapearchitects（丹麦）/2006年-2009年Vandkunsten A/S（丹麦）/2009年成立Lysning Landscape Architects/现任武藏野美术大学建筑专业特聘讲师

大成优子（OONARI·YUUKO）

1974年出生于东京都/1997年毕业于东京工业大学工学院建筑专业/1997年-2002年就职于妹岛和世建筑设计事务所/2002年成立大岛优子建筑设计事务所/现任东京理科大学·芝浦工业大学·明海大学特聘讲师

增添多加男（MASUDA·TAKAO）

1957年出生于爱知县/1979年毕业于神奈川大学工学院建筑专业/1981年-1986年就职于UINTE设计·计划/1987年-2006年就职于槙综合策划事务所/2006年至今就职于伊森增田Architects

PROFILE

小野田泰明（ONODA·YASUAKI）
1963年出生于石川/1985年HP Design·New York/1986年毕业于东北大学工学部建筑学科/1986年-1988年就职于东北大学校园计划室/1998年-1999年担任UCLA客座研究员/现任东北大学研究生院城市·建筑学教授，同时兼任灾害科学国际研究所教授

阵内秀信（JINNAI·HIDENOBU）
1947年出生于福冈县/1971年毕业于东京大学工学部建筑学科/1973年-1975年就读于威尼斯建筑大学（意大利政府资助留学生）/1980年修满东京大学研究生院工学系研究科博士学分后退学，于1983年获得博士学位/1982年至今曾任法政大学工学部建筑学科专职讲师、副教授、教授，2007年至今担任建筑工学部教授学部教授

深尾精一（FUKAO·SEIICHI）
1949年出生于东京都/1971年毕业于东京大学工学部建筑学科/1976年获得东京大学研究生院工学系研究科建筑学专业博士学位（工学博士/1976年就职于早川正夫建筑设计事务所/1977年担任东京都立大学工学部建筑工学科副教授/1995年担任东京都立大学工学部建筑学科教授/2005年担任首都大学东京城市环境学部教授（因大学改组）/2013年于该大学退休，担任名誉教授

绚庭伸（AIBA·SHIN）
1971年出生于兵库县/毕业于早稻田大学理工学部建筑学科/2017年至今担任首都大学东京教授/专业为城市规划/协助山形县鹤岗市、岩手县大船渡市、东京都世田谷区等地区的城市规划

中山英之（NAKAYAMA·HIDEYUKI）
1972年出生于福冈县/1998年毕业于东京艺术大学美术学院建筑科/2000年获得东京艺术大学研究生院美术研究科建筑科硕士学位/2000年-2007年就职于伊东丰雄建筑设计事务所/2007年设立中山英之建筑设计事务所/现为东京艺术大学美术学院建筑科副教授

连勇太朗（MURAJI·YUTAROU）
1987年出生于神奈川县/2012年修完庆应义塾大学研究生院政策·媒体研究科硕士课程/2012年成立MOKU-CHIN企画，任代表理事/现任庆应义塾大学研究生院特任助教，横滨国立大学研究生院客座助教

稻垣淳哉（INAGAKI·JYUNYA）

1980年出生于爱知县/2004年毕业于早稻田大学理工学院建筑专业/2006年修完早稻田大学研究生院硕士课程/2007年-2009年早稻田大学建筑专业助手（古谷诚章研究室）/2009年至今主持Eureka/2011年-2014年任早稻田大学工学研究所客座副研究员/2014年至今东京电机大学外聘讲师/2015年至今，任法政大学兼职讲师/2016年至今就职于早稻田大学艺术学校，任滋贺县立大学外聘讲师

佐野哲史（SANO·SATOSHI）

1980年出生于埼玉县/2003年毕业于早稻田大学理工学院建筑专业/2004年就职于Renzo Piano Building Workshop/2006年修完早稻田大学研究生院硕士课程/2006年-2009年就职于隈研吾建筑都市设计事务所/2009年至今主持Eureka/2014年至今任庆应义塾大学理工学院外聘讲师/2015年-2016年任东京艺术大学教育研究助手/2016年至今庆应义塾大学研究生院后期博士课程在读

永井拓生（NAGAI·TAKUO）

1980年出生于山口县/2003年毕业于早稻田大学理工学院建筑专业/2005年修完早稻田大学硕士课程/2009年早稻田大学研究生院博士课程学分修满退学/2006年-2009年任早稻田大学专职副教授/2009年-2011年任东京大学生产技术研究所准博士研究员/2009年至今，Eureka合伙人，主持永井结构计划事务所/2011年至今任滋贺县立大学环境科学部助教

山水比德
S.P.I LANDSCAPE
GROUP

广亩景观

蓸
道合景观
DAOHE LANDSCAPE DESIGN

BOTAO
LANDSCAPE
柏涛景观

景城
TCH

普邦

PCDI
湃登國際

YJLA
INTERNATIONAL
意景国际

蓝调国际
CBULD

土木風設計
TUMUFENG DESIGN

CBD
CLASSIC BUILD DESIGN
盛博地景观

华建集团
ARCPLUS

太合景观
TAIHE LANDSCAPE

景观 LANDSCAPE
设计 DESIGN
www.landscapedesign.net.cn

2018 "中国最美期刊"

"中国最美期刊"项目创意来自于"世界最美的书"和"中国最美的书"。"世界最美的书"是由德国图书艺术基金会主办的评选活动，距今已有近百年历史，代表了当今世界书籍艺术设计的最高荣誉。"中国最美的书"是由上海市新闻出版局主办的评选活动，以书籍设计的整体艺术效果与制作工艺和技术的完美统一为标准，评选出中国内地出版的优秀图书 20 本，授予年度"中国最美的书"称号并送往德国参加"世界最美的书"的评选。

"中国最美期刊"遴选活动是中国（武汉）期刊交易博览会重要活动之一，活动由中国（武汉）期刊交易博览会组委会于 2014 年发起主办，中国期刊协会所属中国期刊年鉴杂志社具体承办。活动定位于期刊视觉艺术设计，以期刊设计的整体艺术效果、制作工艺与技术的完美统一为标准，通过网络公众投票和专家遴选相结合，遴选出印刷制作精美、艺术格调高雅、艺术形式新颖的优秀期刊，并授予年度"中国最美期刊"称号。

目前，"中国最美期刊"遴选活动成功举办了四届，共遴选出 399 种期刊，形成了"中国最美期刊方阵"，受到广大读者的广泛好评，对推动我国期刊装帧设计和制作水平的提高及绿色印刷工艺的应用等都发挥了积极作用。

2018 年 9 月 15 日，2018"中国最美期刊"和"期刊数字影响力 100 强"遴选结果在"第六届亚太数字期刊大会暨 2018 中国期刊媒体国家创新发展论坛"的会议现场正式公布。中国期刊协会会长吴尚之、湖北省新闻出版广电局局长张良成、原国家新闻出版广电总局新闻报刊司司长李军、中国期刊协会常务副会长兼秘书长余昌祥、湖北省新闻出版广电局副局长胡伟等领导为入选期刊的代表颁发荣誉证书，并对获奖期刊给予了高度评价：这些入选期刊在坚持正确政策方向、坚持正确舆论导向的前提下，文化品位高尚，艺术格调高雅，艺术形式新颖，具有独特的设计风格，出版与印刷符合国家有关标准规范，印装精美，对倡导推进绿色印刷工艺的应用具有创新意义。

电话：0411-84709075   传真：0411-84709035   E-mail：landscape@dutp.cn

新建築

株式會社新建築社，東京

简体中文版© 2018大连理工大学出版社

著作合同登记06-2018第220号

图书在版编目(CIP)数据

公共建筑与地域文化 / 日本株式会社新建筑社编；
肖辉等译. — 大连：大连理工大学出版社，2018.10
　（日本新建筑系列丛书）
　ISBN 978-7-5685-1753-9

　Ⅰ. ①公… Ⅱ. ①日… ②肖… Ⅲ. ①公共建筑—建
筑设计—日本—现代—图集 Ⅳ. ①TU242-64

　中国版本图书馆CIP数据核字（2018）第227004号

出版发行：大连理工大学出版社
　　　　　（地址：大连市软件园路80号　邮编：116023）
印　　刷：深圳市福威智印刷有限公司
幅面尺寸：221mm×297mm
出版时间：2018年10月第1版
印刷时间：2018年10月第1次印刷
出 版 人：金英伟
统　　筹：苗慧珠
责任编辑：邱　丰
封面设计：洪　烘
责任校对：寇思雨

ISBN 978-7-5685-1753-9
定　　价：人民币98.00元

电　　话：0411-84708842
传　　真：0411-84701466
邮　　购：0411-84708943
E-mail：architect_japan@dutp.cn
URL：http://dutp.dlut.edu.cn

本书如有印装质量问题，请与我社发行部联系更换。